再问建筑是什么

季元振 著

梁思成先生辅导建七学生（作者同班同学）
左起张锺、鲍朝明、应锦薇、梁思成、朱爱理、何韶

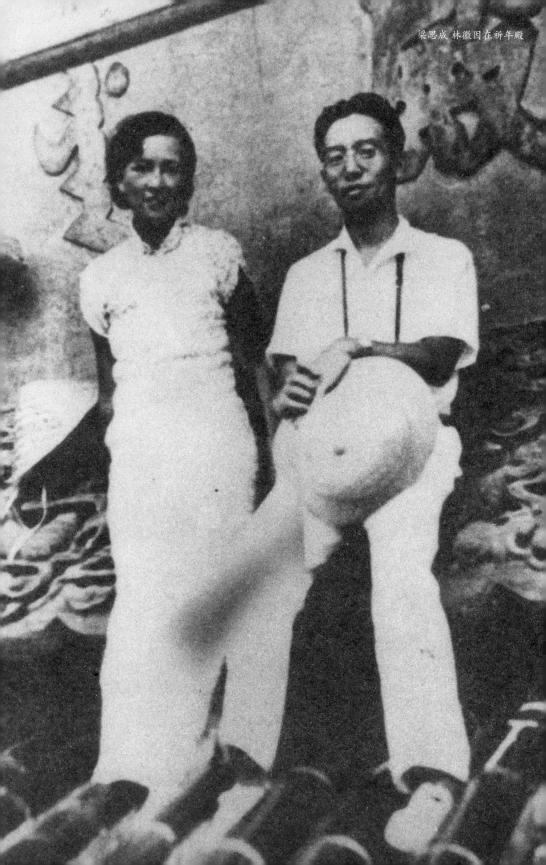

梁思成 林徽因在祈年殿

目录

面对现实，我想说真话！

对我一生影响最大的莫过于母亲。

直到今天，我仍不敢违抗母亲的教导："做人要诚实、正直和说真话。"大概也正因为如此，退休之后，我才会有勇气走入一个过去我从未涉及的新领域——建筑文化评论中来，因为面对现实，我想说真话。

为了去写，我只有更加地深入实际，对现实存在的问题作更深入的分析。

我作为建筑师，几十年的工作经历让我对梁先生所说的"社会的误解"深有体会。所以我想做点普及的工作，将现代建筑的理论和思想介绍给中国的民众，这就是我近年来写书的目的。

我不只是要写下思考，还想记录下历史！

我今年快 70 了，但我依然无法理解 80 多岁的老学者们面对建筑乱相时，表现出的沉默和他们忍受的表情，那是一种被长期挤压的痛苦的反应。写这本书，我不只是要写下思考，还想记录下历史。

为获普利兹克奖去工作是非常危险的！

如果有人问我对王澍的看法，那么我会说：他是一位默默地在他的建筑理想的田园中耕耘的农夫，他怀旧、他苦恼，他独辟蹊径，走着自己的路。他的可贵之处在于他对自己追求的不弃不离。他要把建筑回归建造的本质，他说："我不做'建筑'，只做'房子'……但是房子比建筑更根本，它紧扣当下的生活，它是朴素的，通常是琐碎的……"这在今天的中国，当人们大力鼓吹所谓的建筑的形象设计，大搞形式主义，追求"眼睛一亮"时，他的观点变得十分值得珍惜。他希望在中国建筑现代化中仍能保留传统的中国精神。

向工匠学习！

　　直接向工匠学习，站在工匠技艺的立场上，对建筑的优劣进行评价。在中国，梁思成先生是第一人。

　　正如他的儿子梁从诫所言，梁先生是一位悲剧式的人物。他的可悲，正是因为他的过人之处得不到远远落后于他的中国人的承认。从 20 世纪 50 年代起，他不断地受到批判。而批判他的人却往往又打着他的旗帜，走着复古主义的老路，实际上却在反对着他的真实主张。我以为，这才是他悲剧式的人生中最为可悲的地方。

当建筑设计思想被划分为"无产阶级"和"资产阶级"之后，当然建筑也有"爱国主义"与"卖国主义"的了！

　　这大概就是梁先生在"检讨"中，提到"爱国主义"的原因了。当梁先生已经把建筑设计提高到"是否'爱国'这样的政治问题"上的时候，我们可以看见，当时梁先生思想负担已经多么沉重。

形式哪有永恒的？

　　这位研究生十分认真，为了设计"唐风建筑"十分苦恼，因为形式和功能、技术之间存在着不可调和的矛盾。他在论文中提出了这个问题，他称这个现象叫做"唐风建筑创作中出现的'瓶颈'。"依我看，这不是"瓶颈"，而是"陷阱"！

让我们拿起批判的武器吧，虽然我们并不奢望能彻底改变这样的局面！

　　维奥莱·勒·杜克掀起了一场革命，他将建筑理论从以往学院派理论家们津津乐道的幻觉中解放出来，引导人们将注意力从建筑的外部形象转向艺术作品的本质。

希望你不会被那些所谓的"夺你眼球"的建筑钉在历史的"耻辱柱"上!

我之所以要批评"鸟巢",因为"鸟巢"具有典型性,它存在的问题更为隐蔽,它有一件似乎漂亮的外衣。很多人以为这就是"建筑的艺术性"。所以揭露其本质,为"建筑美"正名,是一件义不容辞的艰苦的工作。我相信,对其各种不同解读的讨论,可以帮助我们理解建筑,理解建筑艺术,否则这类在建设中的肆无忌惮铺张浪费之风将无法得到遏制。

把奥运场馆当作临时建筑来建设!

关于"鸟巢"和"伦敦碗"的设计比较, "伦敦碗"主设计师本·维克里有着精辟的看法,他表示"伦敦碗"是比"鸟巢""更聪明的建筑"。

这种"聪明"也就是建筑师的"艺术",这种"艺术"反应在其掌控建筑的功能、空间、技术、经济和形式的综合素质上。

向工程师学习!

我以为,在当今中国建筑追逐标新立异之际, 最为重要的事,是应回归建筑的本质,向工程师学习。只有这样,我们才能跨越技术与艺术的壕沟,创造中国的现代建筑。

标志性建筑本身应该是优秀的建筑。它有合理功能、先进的建造技术以及丰富的文化意涵。

标新立异建筑的出现与"商业文化"有关,到了国内又与"官场文化"结合,这两种文化捆在一起,让怪异建筑畅行无阻。在这样的语境中,建筑仍然是异化的。我们需要回到"什么是好的标志性建筑"这一问题:标志性建筑在城市历史中是有意义的,它代表了一个城市一个社会的价值观。

"技术达到完美,就升华为艺术。"(密斯·凡·德·罗)

台湾著名建筑师高尔潘先生曾经说过:"在日本,建筑师与结构工程师在工程中,他们是这样配合工作的:建筑师考虑结构问题,结构工程师考虑建筑问题。"

世上的事情大多如此,光鲜亮丽的背后被隐藏着的才是实质。

德国宝马总部的设计因为名气很大,中国建筑师开始效仿,我在国内起码已经看见过两栋这样的高层建筑,其标准层的平面外形向该楼摹仿,而该楼设计的精华全被抹杀。这就像很多"中国制造",只有漂亮的包装,而没有技术的内涵。但是如果这样来发展制造业(包括建筑业),那将是十分危险的,因为我们不去创造。

如果我们希望中国的建筑业走上繁荣昌盛的局面,建筑理论界必须有所作为!

"作假"在我工作的建筑领域无处不见,它像一种瘟疫在基本建设的每一个环节里蔓延。

当一个社会不以"真实"为美时,真理就不再存在。

建筑师要懂得如何盖好房子,建筑师不是艺术家!

我在上课时,对学生们讲:"你们考建筑系,是想学会盖房子。不要几年之后,你们已经忘掉了这个初衷,把自己变成了所谓的艺术家。希望你们能学会懂得什么是好房子,怎样去盖好房子。"

建筑之美不只是"悦目",而且要"赏心"!

"美观"与"美"是不同的,"美观"是表象,"美"是实质。

"美观"替代了"美"，把美观当作建筑艺术，为了美观而做假甚至不择手段，这竟然成了某些人创新的法宝，这使得"美"失去了其深刻的含义，这种内涵的丢失，不仅造成建筑艺术性的失落，甚至造成了功能、经济和社会问题。

建筑教授

"不会真刀真枪的设计，却在教设计。"这已成了建筑教育的一种奇观！

如果画家拿不起画笔，雕塑家(石雕)不会拿斧头和凿子，歌唱家不会用嗓子，建筑师不会使用建筑材料，不懂得材料的性能及其表现，还称得上是艺术家吗？

己所不欲，勿施于人

牟利已经绑架了设计，这类现象到处都是！

我称中国建筑界的有些人是"人格分裂"，"双重标准"。建筑师们给别人设计建筑，千方百计地忽悠业主，要把资金用在造型上、外观的漂亮上、空间的丰富和变化上，还有一套套的理论和说辞；但是一旦花钱给自己盖房子，就完全变了个人，这时的他，只求实用和经济了。我以为这样的人是一个自私自利的人，为自己做设计，一心为"利"；为别人做设计，一心为"名"。"名"之所归，仍然是"利"！

非线性思维

建筑师"立意"的第一步，就是要了解人的生活。（梁思成）

用数字技术去描述"非解析函数"的曲面造型，"参数化设计"提供了可能性。有人企图由此去创造新的建筑形态，但是这种形态如果不能和"建筑功能"、"建筑结构"、"建构原理"、"建筑构造"有机地结合在一起，就成了一种"形式主义"。真理和谬误仅仅差之毫厘，确有万里之遥。

Leader

我当"总"几十年，"辞官"已三次，当 Leader 从未感到乐趣！

学校里只有培养学生的"基础知识"、"基本功"和"基本素养"的能力；其余的一切都要靠毕业之后个人的努力。至于 Leader（总建筑师、院长之类），不是学校的目标，学校也没有能力对学生的未来作出任何安排。这种教育使人轻飘飘。

"如社会破除（对建筑的）误解，然而才能有真正的建设……"。（梁思成）

现在的许多建筑设计方案的选取，靠的就是一张彩色效果图。领导们以形象为建设的最重要的目标是一个普遍的现象。

形象当然重要，但是形象能否成立就更为重要。

现代主义死亡了吗？

问："你们的业主最关心的是什么？"

答："功能和投资。"

问："你们那里，业主怎样对待形式与功能的关系？"

答："我们不做立面设计，根据外部和内部的条件，我们组织好环境、功能和流线。我们只是做一些立面的处理。"

问："你们的图纸要做到什么深度？"

答："我们是没有标准图的，一切都要设计。"

……

中止建筑生命的原因，除去技术层面的，更多的原因是社会的。

建筑的寿命是与建筑所处城市的规划的"稳定性"与"持久性"相关。一个民族建筑寿命的长短反映的是这个民族在基本建设问题上的"科学性"和对建筑寿命的"期望值"。

将今天的建筑长期保存下去，不仅有经济意义，还有文化及历史的意义。

如果我们在基本建设中，科学决策，提倡理性，在建筑形式上反对形形色色的形式主义，反对追求"奇观性建筑"，反对"无用的建造"，反对建筑的"奢侈、浮华与虚假"，其节省下来的投资大概已经足够用来增加建筑的寿命了。

只有强者，才会不怕失去过去，才会敢于"从头来起"！

我以为，当今中国建筑业的这种"扭扭捏捏"的开放是不全面的。它不仅已经极大地阻碍了中国建筑业的进步，而且让那些所谓的明星建筑师钻了空子，拿走了大把大把的钞票，扔下了一堆垃圾。

现在全国各地大兴土木，建筑奢华之风盛行，这就是一种折腾。

既然大家知道领导是被"忽悠"的，为什么不敢去向领导反映呢？想到这里，我又怀念起我那位老领导、一位上海的老工人；他为了工作，希望下属反对他。大约只有这样作风的领导，才能听见真话。

既然目的是"攀比"，所以一切都要"比"！

中国的"大剧院"建设，可以说是"食洋不化"的典型，没有用而要建，为"高档"而"高档"；这只能说是为了"面子"、为了"政绩"。

在中国，设计已经被剥夺了话语权。

"开工奠基典礼"是中国官方建筑运行流程中的一项发明。听其名，谁都以为工程已经开工了，但事实上完全不是如此，因为这时连图纸的设计工作还没有开始。之所以要提前举行"开工奠基典礼"，大约是为了让媒体早早把信息传达出去，彰显政绩。

奢侈是比装饰更为可怕的罪恶！

现在中国的许多人建高层建筑，往往不是因需求而建，而是为"指标"而建，为"脸面"而建。建筑的高度现在已成为城市管理者和业主追逐的目标。对此现象，我们不能不说：这是"奢侈"！

没有时间的考验，不敢轻信任何创新！

每想起这类技术问题时，我就想起"大跃进"。为了速度而放弃质量，成了顽疾。急功近利、好大喜功是这个顽疾的病因。技术不能独立，科学不能民主，官员说了算，是这个顽疾久治不愈的根源。

近几年来，"博弈"这玩意儿越来越时髦。

中国人说："商场如战场"，把同胞、朋友和顾客都视为敌人，去与他们"博弈"。中国的商人不仅要和顾客"博弈"，更要在"官场"中"博弈"。不知有多少官员在这场"博弈"中败北，也不知道多少商人在此"博弈"中破产。

在法制社会，人们违法是要付出天大的成本的。

我们现在有许多人都在打着"中国特色"的幌子，拒绝接受先进的管理制度，拒绝认真地执行已经被法律规定的各种行为准则，这才是大量"漏洞"产生的原因。

总之，我说他是骗子，是绝对不会冤枉他的。

近年来，我们天天都要遇见受骗上当的事。大家已经习以为常，见怪不怪了。人们变得小心谨慎起来，但是骗子行骗的手法也愈加高明，而且在光天化日之下，让人防不胜防。

"糊弄"、"变通"、"不守规矩"成了一种文化，一种可怕的反文化的文化！

民族的文化竟是如此不能认真，那么科学技术是无法进步的。

为了建筑进步，我们只有"较真儿"。

对我们这些搞科学技术工作的人来说，做事如果不"较真儿"，大概什么事情都做不了；因为如果要技术人员看着别人的脸色去做事，原则就没有了，工作也就失去了意义。

教育是一个潜移默化的过程，需要细水长流。

我以为学习是不可速成的，一个人的成长是一个漫长的过程，需要长期的耳濡目染，需要熏陶、需要磨练、需要感悟、需要时间。

不管今天世人是如何认识建筑的，我仍坚信优秀的建筑应该是，也只能是技术和艺术的完美结合。

我自己也没有想到，在2号楼五层平台上，张家璋老师的几句话，竟然影响了我一生。在这条漫长的充满艰辛的道路上，有着一片无限美好的风光。在这里，我打开了一扇窗户，看见了一片新天地。

教育学是一门科学，可是一旦把它的理论在工作上体现出来，就变成了艺术。这是一种真正的艺术！不是吗？

教师运用演示和谈话，像剥春笋一样，把教材的内容层层地剥下去，儿童的思维紧跟着谈话，从一个高潮走向另一个高潮。

母亲（代序）

　　对我一生影响最大的莫过于母亲。直到今天，我仍不敢违抗母亲的教导："做人要诚实、正直和说真话。"大概也正因为如此，退休之后，我才会有勇气走入一个过去我从未涉及的新领域——建筑文化评论中来，因为面对现实，我想说真话。2012 年出版的《建筑是什么》一书和这本新书都是近年来我关于中国建筑业现状的思考。在我看来："真话"就是"心里话"，并不意味着是"真理"，但是"假话"一定伴随着邪恶。我要感谢母亲对我的这种质朴的教育，我的这本书是献给母亲在天之灵的。

　　母亲是江苏武进人，小个子，苗条的身材，江南人特有的清秀，大而明亮的眼睛微微向里凹，鼻梁显得高而挺直，天生丽质。她非常爱整洁，衣服即使破旧，总也是缝补好，洗得干干净净。不大的家里几乎没有一样多余的物件，但应付生活却已是绰绰有余的了，直到自己成家之后才知道这是多么不容易的事。由于父亲去世得早，那年我才 10 岁，哥哥长我 4 岁，一家的生活重担都压在母亲身上。她一个人忙里忙外，无论是工作还是家庭生活都安排得井井有条，她不希望因为失去父亲，我们受到任何一点委屈。无论是同事还是邻居无一不称赞她。也是以后有了些阅历才知道，对于一位弱女子来说，这要付出多么大的代价。

外公在溧阳一家南货铺里当伙计，据说是因为人品好、长相好，被招了女婿。外婆是徐家，嫁给外公后更名为吴徐直珊。外婆娘家过去大概还算得上殷实，她的几个本家兄弟都是读书的。其中本家老六就是徐中先生，在中国建筑界几乎无人不晓。但是外婆家却早已是败落了。全家靠着外公当伙计的微薄收入生活，日子自然不好过。外婆生了六七个小孩，大多夭折了，留下的只有三个，老大长我母亲 4 岁是我的舅父，叫吴仞之（曾任上海戏剧学院副院长，著名话剧导演）；老三小我母亲三四岁是我的姨妈，叫吴家藩；母亲是老二，叫吴家翼。

母亲生在 1906 年，大清光绪年间，那是个重男轻女的年代，加上家里穷，女孩既不需要读书，也读不起书。对着想读书的母亲，外婆总是说："你还想当女状元啦？"。但是舅父的境遇就完全不同了，因为是男孩，肩负着未来振兴家族的重担，再穷也要设法送去受教育。舅父的启蒙教育是在武进的一个乡间小学开始的。这所学校现在还在，就是史家弄小学。20 世纪 80 年代，"文化大革命"结束后，舅父补发了一笔工资，再加上一些稿费，全数赠给了他就读过的小学，因为这里是他改变人生的起点，他希望教育能继续改变孩子们的人生。

母亲有个远房的叔父叫吴在渊，国学和数学都很不错，北京清华学堂初创时，在那里教书。他的同事中有个无锡人叫胡敦复，是位数学家，也是清华学堂第一任教务长，吴在渊与他关系甚好。由于勤奋和天资聪慧，吴在渊全凭自学，竟然在代数方面做出了成绩，名噪一时，曾经是我国著名的数学教育家。胡敦复后去上海创办大同大学，吴在渊也随之而去，后来做到大同大学的校长。家里既然有这样一位亲戚，当然是要高攀的。舅父被送到了上海寄养在其叔父家中，就读于大同附中，直到闹学潮被开除，那是后话。

母亲当然不能这样幸运，从小要"裹小脚"，在家帮忙做家务。辛亥革命之后，才扔掉了裹脚布，所以母亲的脚是"小放脚"，小姆指还被弯折在脚底。母亲能读上书，实在要感谢他阿哥的努力。13岁那年，五四运动爆发，母亲终于冲出了家庭的阻力，上学念书了。母亲的童年是在家务活中度过的，难怪持家理财，洗衣做饭，背布壳、纳鞋底，无一不通。她的小名叫"勤"，大名叫"家翼"，正应了她一生的命运。舅父对她上学的鼓励，母亲一直怀有感激之情，她常说她与舅父的感情最好。解放之后，舅父因为工作忙不能带孩子，所以表哥的生活也是母亲来照顾的。

母亲在常州念到初中毕业，为了深造，就约了几个女伴一起到南京去赶考"江苏省立第一女子师范"。因为该校有初中部，绝大多数学生都是直升高中部的，只收7名插班生。那年应该是1928年，读师范正是穷孩子们的出路，因为读师范不仅不收费还给生活补助，所以考生竟有几百。但母亲竟然考中了，同去应考的常州考生王兰英也榜上有名，她后来毕业于中央大学建筑系，与舅公徐中同学，是我国建筑界的前辈。解放之后，她长期担任南京建校（现南京建筑工程学院）的校长，德高望重，是母亲的至交。

1931年母亲高师毕业，她非常满意师范的学习和生活。因为穷惯了，师范每月给的生活费不仅足够花销还有富余，毕业时同学们都把几年生活费的"积余"拿出来，一起上了北京。家里现存的一张发了黄的老照片，就是她们同学在北京香山碧云寺的留影。每当母亲给我讲述这些老故事时，眼里都放着光彩。毕业之后，直到抗日战争南京沦陷之前，她都在南京教书。抗战逃难到了四川。

抗战胜利之后，父母带着我们尽快地回到了南京。母亲在中大附小教书。大约是因为母亲读书太晚，深受其苦；于是，早早就把我们兄弟送进了学校，比同龄人早了两、三年。1966年"文革"爆发时，我已大学五年级，总算躲过了"无学可上"的厄运。每想到此，我都要怀念母亲的恩德。

1955年，父亲因疾病突发，过早地离我们而去。靠母亲一个人的苦苦支撑，我们兄弟两人都完成了大学学业。母亲非常自豪的是，我们的读书费用全部都是靠她一个人的辛苦挣来的，没有申请一分钱的国家补助，她真是一个极其要强的女人！

母亲一个人既是慈母又是严父。她对我们的爱是那样的深沉，一直放在心底。她不说教，只是以身作则。每天晚饭后收拾停当，就开始工作，备课与改作业是晚上例行的事。她虽然教书几十年，但对于新课她还要坚持试讲，从不敢马虎。

白天上完课后，一有机会，她就去家访，全班每个同学的家她都要走到。她希望与家长沟通，了解每个孩子的真实情况，以便有的放矢地进行"针对性"的教育。有的学生的家，一个学期要去几趟，她都成了学生家长的好朋友。她对孩子们一视同仁，从不势利，不管其父母是大学校长、中科院学部委员、教授还是普通工人、城市贫民。

也许是因为母亲出身贫寒，所以对穷学生、穷校工都特别的好，能帮的忙尽量帮，清洁工胡嫂、厨师老王、门卫老范等无一不称赞她是好人。她没有大教师的派，她与那些出身小姐、身为太太的许多人在做派和作风上都大不相同。

她让我看见了一位孜孜不倦、认真教书的老师，一位把学生当作自己孩子的老师。每当学生有了一点进步时，她的喜悦之情溢于言表。她工作从来不分上班还是下班，不分白天还是夜晚。

母亲的工作是超负荷的，一周课时最多会排到 24 个学时，还要担任一个班的班主任。因此根本没有过多的精力来照顾家庭，所以我们从小都是吃食堂长大的。母亲虽然很忙，但为了省钱，小时候我们穿的衣服和鞋子，无论是布鞋还是棉鞋都是自己来做的。母亲要纳鞋底，还要"背布壳"，用以做鞋面。做"布壳"，现在很多人都没有见过了。首先要收集好一大包"废布"，另外要准备一块大门板，门板的一面要平整，用水浸湿，然后铺上第一层布，布被水浸湿而涨开，非常服帖地铺在板上。然后用极稀的浆糊刷涂在第一层布上，然后开始铺第二层布，如此往返，几层布就粘结成了一大块厚布，这就是所谓的"布壳"了，待阴干后揭下就可使用。母亲还有个绝活，织毛衣的速度飞快。她情愿自己辛苦点，也要为全家人织毛衣毛裤。她有她自己的一笔账：小孩要长个头，衣服没穿坏就嫌小了，买衣服划不来。毛线衣裤可以拆了重打，破了还可以织补，实在毛线被磨细了，可以两股并一股。总之，在她看来毛线是最划算的材料，只不过自己要辛苦点，而她是最不怕辛苦的人。我记得织毛衣是母亲每年必做的功课，帮她绕毛线几乎是我最早学会的家务了。母亲独自一人，把工作和家庭都安排得那么有条不紊，常常受到她同事的羡慕。

母亲在工作上无可挑剔的认真是公认了的。母亲的成名是在 1955年。一天突然校长找到她，要安排北京教育部的人当即来听她讲课，这完全是一场突然袭击！听说原本准备安排别的教师的，因为那位老师说没有准备不肯讲，这件事才轮到了母亲。她像往常一样，从容不迫，生动活泼地完成了教学计划。这是一堂语文课，课文题目是"漱口"，为讲课用的教具都是一周前开始准备的。这堂课课前的充分准备，讲课时的艺术魅力，学生的课堂反映都极大地感染了教育部的王铁先生。事后王先生在《小学教师》杂志上著文记述了这堂课，并嘱咐我母亲发表了教案。他在文中写道："教育学是一门科学，可是一旦把它的理论在工作上体现出来，就变成了艺术。这是一种真正的艺术。我在吴老师上的一堂课里看到了这种艺术的初步形象。这是我们学习苏联先进理论改革教学新生的幼芽。我预祝这种幼芽早日长大，并在全国各地普遍成长起来。"

这堂课对母亲来说，实在是太重要了。从此以后母亲就成了优秀教师，1956年定级，也成了全国当时都少有的一级教师。母亲感到自豪的是，这是一场"突然袭击"，而且是别人不敢应战的突袭。她的喜悦单纯得就像一个小学生被老师表扬之后的那样。

但是母亲始终没有弄明白的却是：她的讲课方法并不来自于苏联，为什么说是向苏联学习的结果呢？她曾经对我说过这件事，她说：解放前在"一女师"读书时，老师就是这样教她们的。

母亲就是这样的单纯，也许是成天与孩子们打交道的缘故吧，她丝毫不懂世故。对于社会上的事，她常常不明白。她不明白：为什么不允许讲真话？为什么不允许对学校的工作缺点提意见？为什么要搞"尖子班"、树典型？为什么她心目中的好人成了"右派"？为什么要"大跃进"？为什么"大跃进"时，学校要停课大炼钢铁？

作为一名教师，她要教书育人，为人师表，她认为不应该"说一套做一套"。但她的这种人生观、道德观、价值观与现实产生了矛盾与冲突。

她与从旧社会过来的大多数知识分子一样，对待社会上的许多事，一方面是不理解，一方面只能跟着走。但不管遇见什么情况，她只有一条是不会变的，那就是一切为了孩子，一切按照良心办事。

那么什么是良心呢？在她看来做人首先要诚实和正直，应该是非分明，不能为了一己的私利而歪曲事实，去做违心的事。

我五六岁时，母亲就开始对我进行这种诚实教育了。我以为这是母亲给我一生都享受不尽的财富。母亲的教育是从讲故事开始的。她讲的几个故事都是关于我舅父的。她说舅父从小就很诚实，一次在马路上捡到了东西就一直不肯回家，他在那里等待失主的返回，害得家里人到处去找他。在这里，其实她是在告诉我们，别人的东西是不能要的，不仅不应该要，而且应该想方设法还给别人。还有一个故事就是前面已经提到了的，舅父在五四运动中闹学潮的事，这件事我在舅父那里得到了证实。1919 年五四运动爆发，上海学界响应北京，也开始了反对北洋政府、反对卖国的学潮。当时舅父是大同学院预科的学生领袖，带头闹事，这可惹恼了他的叔父吴在渊，因为当时他正是大同学院的训务长。侄子带头闹事，如何收场？何况侄子就住在自己的家里，自己养他、供他读书，他却反对学校，那还了得！于是叔叔开始执行家法，把侄子捆绑在长条板凳上，用棍子打。据说当时，无非希望舅父能回心转意，只要舅父能公开认错，他叔叔仍愿尽养育之责任。但我舅父直到被打得皮开肉绽也绝不认错，最后终于被开除学籍流落街头。母亲在向我讲这段故事的时候，她是在赞扬舅父；并且告诉我们：为人不能势利，不要说违心的话、做违心的事。人应当坚持真理，哪怕作出牺牲！她还告诉我：舅父在 20 世纪 30 年代，在上海由"业余"导演走向"专业"导演的人生。她说："舅父是上过国民党特务'黑名单'的人，曾遭到过追捕。但他为了反对解放前夕政治的黑暗，从来没有退缩过。"这种教育对我来说，印象如此深刻，而且由于故事就发生在身边，感到特别的亲切。

在母亲看来一个人的良心，还在于他能不能言行一致，也就是能不能说到做到，行胜于言。如果一个人说得很好而不去做，在她看来这无异于骗子。

她的爱憎极其分明，对不负责任、沽名钓誉的行为深恶痛绝。她常告诉我：社会上的一些人怎样为了虚名而作假，怎样工作不负责任；她向我表达了对这种现象的轻蔑和藐视。这种教育使我终生不忘。当我年长之后，社会阅历多了，发现这样的行为多年来，不仅没有丝毫改变，而且愈加猖獗。这时我才逐步理解了母亲，我真要感谢她，因为给我们从小就种下了防止染上这种瘟疫的疫苗。

对待这些社会现象，她想斗争但却无能为力，她在理想和现实之间苦恼着。现在想起来当时她是何等的艰难！她这种执著当然会遭人忌恨，但同时也赢得了人们的尊重。

在母亲看来，作为一个教师就应该热爱孩子，而且应对所有的孩子都一视同仁，而不管他们的出身门第及天资如何。作为教师要认真上好每一堂课，改好每一份作业，帮助好每一个学生，她认为这也是一种良心。她认为教育应该是"有教无类"的，教育工作者应该强调教育的作用，应该反对"生而知之"，主张"学而知之"；她反对"天才之说"，所以她对那种挑学生组成尖子班，来骗取荣誉的现象痛恨不已。可惜的是，这样的主张不仅得不到支持，反过来"尖子班"、"尖子学校"现在已遍及全国，我真不知道她的在天之灵当作何感想？现在全社会都已开始反思这个问题，但已积重难返。

与现在的许多家长不同，他们"望子成龙"。但父母对我们，没有什么过高的企求。他们仅仅希望我们能成为一个"为人正派、学有所长、自食其力"的人。

他们关心我们的品行，启发我们对学习的兴趣，培养我们认真的学习态度和良好的学习习惯。在他们看来，上述这些最为重要。他们希望我们能不断提高自身的学习能力，靠自己的力量去获取知识。他们从不强行灌输知识；坚决反对现在流行的课外辅导。他们反对加重学生的学习负担；他们希望培养有强烈的求知欲和善于学习、又不怕艰难的人。大约教育家的思想都是相通的。我上清华念书后，听到蒋南翔校长关于"给学生以猎枪还是干粮？"的言论，感到十分亲切，因为这与父母的教育思想完全一致。

母亲从来是坚决反对家教、反对提前教育的。她劝学生家长：千万不要给孩子们"开小灶"。她曾经对我讲过关于"提前教育"存在的问题。她说："提前授课的最大坏处是：上课时，学生对课程失去了新鲜感，不会再专心听讲。其结果，学生总处于似懂非懂的状态。永远是'夹生饭'。不仅如此，他还会影响其他同学的听课。"这是她多年教学经验的总结。她说："如此的教育，使得教师精心设计的教案，完全失去了应有的效果，这是对学生最大的伤害。"她认为，"课堂教学是学生学习最重要的环节。"

几十年过去了，不知道从什么时候开始，中国的学校变成了这个样子："幼儿园上小学的课，小学上初中的课，初中上高中的课，高中上大学的课。"整个社会都处在"没有资质的教师"在上课！

现在学校不去抓课堂教学质量，靠延长教学的时间，以牺牲学生的全面发展为代价，把学生引入误区，实在是很可悲的。我真不明白我国的教育界为什么会出现这样的大倒退！教师甚至不把上课作为主业，而靠业余办补习班来挣钱，大概这是近百年教育史上出现的奇观！

由于父母的正确教育思想，我们童年是幸福的，从来没有感到过学习压力。每当完成老师布置的、屈指可数的作业之后，"玩耍"占去了最主要的时间。当我成年之后，我才懂得："玩耍，对于孩子来说，是一种非常重要的学习。"在和同伴的"玩耍"中，可以"交友"，学会尊重别人，学会向同伴学习，学会做事；还可以锻炼身体，培养克服困难的勇气和能力。

至于读书，母亲从来也没有督促过我一次。相反，她每每看见我在读书，总是劝我，"早点休息。"她常说："读书是不能强迫的，要靠自己。"

她要培养我良好的作息习惯。她认为，良好的作息习惯，是保证学生身体健康和学习效果的基础。她常告诫我："学习时要专心致志，不能分心"，她还说："要做到上课专心、精力集中，晚上一定要休息好。"她严禁我开夜车，她说："学生开夜车是最不好的习惯。小孩子精力不够，开夜车后，白天上课精神不能高度集中，是最划不来的事。"

小学时，母亲规定我：晚上8点半前一定要上床；中学时，9点前休息；即使在高考复习时，也不准我在10点后再看书。母亲认为：晚上休息不好，白天就没有精力学习。她讲究的是学习效率，反对打消耗战；这是她多年教学的经验之谈。她培养我的这种学习习惯，一直保持到大学。在大学里，我也是从来不开夜车的人。

开夜车，倒是我工作之后才开始的，因为白天要工作，学习只有靠晚上的时间了。有些人学习目的是为了升学，所以考上大学后就放松了学习。至于工作之余还去自学者，真是凤毛麟角。许多人，学习不是出于自觉的求知渴望，而是为了文凭或者某种利益；不少人为文凭而读书，被培养成高学历的低能儿，已是司空见惯。这真是教育资源的极大浪费，是对教育现状的一大讽刺。

母亲对我们的择友是关注的。她相信孟子的"近朱者赤，近墨者黑"的道理。我也从中受益匪浅。而在其他方面，母亲几乎放手，从来没有干预过我的选择。连高考报志愿这样的大事，我都没有告诉过她，直到我被清华建筑系录取，她才知道。

她说："你要学建筑，南工建筑系不是很好吗？" 她更希望我能在南京念书，当时我 16 岁，要去独立生活，她不大放心。现在想来，她当时的心情一定十分矛盾，我的离别使她预感到了寂寞的来临。当然她也为我能考上清华感到高兴，毕竟清华是多少人梦寐以求的地方。她立即给我准备行装，教我缝被子、洗床单等生活技能。

我记得那天，她送我过江，到浦口站上火车去北京。火车上连过道都挤满了人，我只能把手提包放在车厢的通道上。我向车下望去，母亲一个人站在月台上，两眼含着泪花，久久不肯离去，我也禁不住哭了。每当我想起这个情景时，总特别心酸，母亲真是天下最无私的人。做儿女的永远也报答不了这种大恩大德。

母亲身体一直不太好，高血压、心脏病、眩晕症，从未放在心上，直到站在讲台上晕倒在地。当时，我在清华念书，哥哥分配在新疆工作，为了不让我们担心，她没有告诉我们这些事。1964 年外婆去世后，母亲被告之要其退休，她很不情愿地离开了她心爱的事业，因为母亲舍不得离开学生，毕竟全身心地教书几十年，学生成了她生活的中心。突然要离开学生，她感到很孤独，而且作为她的子女，我们都不在她的身边。

1964 年母亲退休之后，她上了一趟北京，她想来北京散散心，因为人突然空闲下来很难受，闷得慌。之所以选择北京一共有三个原因：一是我在北京，她想来看我；二是北京她三十多年前来过，她想旧地重游回忆往事；三是北京有落脚之处。现在想起来，我当时陪她的时间花得太少了，成了永久的遗憾。其实遗憾何尝是这一次呢？

退休之后的母亲在街道居委会义务帮忙工作，因为她实在闲不住。不久"文化大革命"爆发了，听说那时为了备战到处要挖防空洞，母亲就跟着忙里忙外，家家户户去落实指标，她的认真是谁也比不了的，所以她又受到了赞扬。

我成家以后，母亲就往返于南京和我们的小家之间。1976 年 7 月 28 日，唐山发生了大地震，我们和母亲都只好住进了抗震棚。所谓抗震棚，就是用塑料布支起来遮风避雨的一张床而已。母亲当时已 70 岁高龄，我怕她受不了，要送她回南京。她执意不肯，还对我发了脾气。这时我才理解了母亲的心：在此危难关头，一家人怎么能够分离呢？

1978 年我回南京养病，和母亲一起共同生活。这也是我工作之后，感到最幸福的几个月。每天与母亲朝夕相处，似乎又回到了童年。此时母亲已经 72 岁高龄，重病缠身，可是她并不在意。由于我在身边，她心情很好。毕竟年纪大了，身边又无人照顾。母亲希望能把在新疆工作的大儿子全家调回南京来，以了却多年的心愿。

我哥哥是 1962 年南京大学的毕业生，毕业后分配在新疆气象局；这一直是母亲的心病。她希望他们全家能回南京来生活，于是她到处托人找关系。省人事局的、她的一个学生愿意帮忙，她非常高兴。不顾年事已高，一个人经常爬上北极阁山顶，去找南京市气象局的领导。真是可怜天下父母心！

关于我哥哥调动之事，据母亲说南京方面已经同意接受，只等新疆放人了。不知哪个环节出了毛病，调动工作之事竟然又成了泥牛入海无消息。这大概是母亲晚年受到的最大的一次打击。1981 年，我们分到了第一套正规的住宅。我们想，母亲还从来没有跟我们享过福，每次与我们在一起，总是住工地；这次条件好了，母亲可以安度晚年了。

但没有想到的是母亲这次到北京后，身体大不如前，记忆力极坏。有一天她突然不认识我了，她问我："元振在哪里？"

我们决定举家南迁，搬到她熟悉的环境里去。那时，我们对脑萎缩、老年痴呆这样的疾病知之甚少。我们是1982年8月调回南京的，母亲于1985年4月10日离开了我们。

如今，母亲已经离开我们二十七年了，我们也已从中年步入老年，生活已经衣食无忧，下一代也都长大成人，母亲的在天之灵应该可以得到慰藉。

2007年是南师附小建校105周年，作为南师附小的元老和著名教师，母亲榜上有名。母亲已经离开附小43年了，还有她的同事和学生专门写文章纪念她，足以可见她的人品和业绩之感人。

我写这篇短文，是为了纪念我的母亲，一个普通、平凡而伟大的母亲；一个正直而诚实的人；一个把毕生精力贡献给孩子们的教师。

2012-12-22

前　言

　　自《建筑是什么》一书出版后，我受到了老师和朋友们的鼓励，他们希望我能再写点什么。其实我知道，并不是我的书有多少价值，而是因为现在的人不愿意把自己的看法，落于文字。而且作为建筑师要落笔去批评社会上的建筑现象，那简直是一件近于"傻瓜"才愿意干的事，你难道真的不想在这个行当里"混"了吗？

　　但是，事情也许并不像许多人想象的那样，我的书也让我结识了许多新朋友。《住区》杂志社办了一个专栏，取名为《建筑是什么》，让我主持。为了维持这个栏目，逼着我去写文章。

　　为了去写，我只有更加地深入实际，对现实存在的问题作更深入的分析。为了分析，不得不再去读书。在这种压力下，近一年来我又陆陆续续地写了些东西，每篇写完，我都要请我的老师陈志华先生给予指正。陈先生严谨的学风给了我极大的帮助。我最近阅读了陈先生的《北窗杂记》、《北窗杂记二集》两部书（过去只是在杂志中读过陈先生的一部分文章），实在感到我所写的完全没有超越陈先生的思想。

2012 年，民众及媒体对中国建筑界的关注超乎了寻常。中国建筑界似乎"光彩照人"、"面子十足"：中国政府把"国家最高科学技术奖"颁发给了清华大学建筑系的吴良镛教授。国际建筑界把它的最高奖——"普利兹克奖"颁发给了年轻的中国建筑师王澍先生。一些政府官员对此十分得意，以为这说明中国建筑的科学技术和设计水平已经与世界接轨，不过情况可能完全不是这样。在我看来，无论从建造水平、建造技术、质量以及设计，我国与西方之间的差距之大甚至是难以估计的。这个差距的根源除去政治、体制、制造业水平等历史原因之外，在"文化层面"上，中国人对建筑的"误解"是落后的一个重要原因，而这个原因对中国建筑进步的阻碍，是那么隐蔽，常常不为中国人所察觉。许多人满怀激情地、希望做好事，不料所做的"好事"却是那样的糟糕。央视新楼和"鸟巢"的决策者大约就属于这样的人（当然也存在体制性问题）。央视新楼和"鸟巢"受到的来自国际建筑界的严厉批评和它们存在的严重问题，至今仍不被中国的官员，甚至中国设计界的某些"名流"所认识，这件事的本身已经深刻地反映了中国人对建筑的"误解"。

早在八十年前，1932 年梁思成先生在祝东北大学建筑系第一班毕业生的信中说："非得社会对建筑和建筑师有了认识，建筑不会得到最高的发达。"……"如社会破除（对建筑的）误解，然而才能有真正的建设，然后才能发挥你们的创造力。"

梁先生所说的"误解"，曾经给中国的建筑事业带来了沉重的灾难。北京古城和当前大批珍贵的传统乡镇、传统建筑"遗构"被毁以及近年来在基本建设中大量出现的"奇观建筑"和那些"虚假甚至蛮横的建筑"（美国当代著名的建筑历史及理论家肯尼思．弗兰姆普敦所言），就是这种"误解"所带来的灾难。梁先生为了向中国民众普及现代建筑的理论和思想，煞费苦心，在1962年《人民日报》上曾发表了系列文章《拙匠随笔》，希望民众能消除这种"误解"。但是五十年过去了，这种"误解"不仅没有消除，反而愈加严重。

现代建筑的理论和思想产生于西方社会的19世纪末与20世纪初，它是随着资产阶级的强大和现代的建筑材料、现代的建筑营造方式（工业化生产）的出现而产生的，它在中国的传统建筑文化中没有"根"。它与"科学"一样，是"舶来品"。不仅如此，甚至连某些人经常挂在嘴边的、所谓的"建筑艺术" 这个提法，在中国也是"舶来品"。中国人听见外国人称建筑是"艺术"，但并不知其为何物。他们大多不知道"建筑艺术"特有的性质和"所指"，往往把"建筑艺术"与"绘画艺术"、"雕塑艺术"混同起来，用视觉去评价建筑，完全失去了"理性"（其实无论绘画还是雕塑也是要用脑子去评价的）。大家应该明白：建筑中的物质性、功能性、工程技术性、经济性都是在其他的视觉艺术门类中没有的。正是由于这种差异，才产生了"建筑艺术"的个性。关于这点，西方的建筑理论界在一百多年前已经早有定论，但这些，中国许多官员和民众都不知道。中国人当前追求建筑的"奇观性效果"、"眼睛一亮"和追求建筑的"表面样式"以及把大量的材料花费在那些"无实用价值"的"附加装饰"上的现象，都早就曾受到西方人的批判，是西方人曾经走过的，并且被抛弃的建筑创作道路。我作为建筑师，几十年的工作经历让我对梁先生所说的"社会的误解"深有体会。所以我想做点普及的工作，将现代建筑的理论和思想介绍给中国的民众，这就是我近年来写书的目的。

在这本新书里，我更多地介绍了一些产生于19世纪末的有关西方现代建筑设计的思想。虽然西方的现代建造技术从19世纪末就开始传入中国，至今已有一百多年历史了（我们现在采用的建筑材料、建造技术、营造方法都是从西方引进的）；但是与西方的现代建造技术同时产生的西方现代建筑设计思想，却迟迟不能在中国得到传播，这种矛盾的现象就像一个人，他的身子活在现代社会里，但他的脑袋却停留在现代社会之前。在建筑设计中，材料和技术是现代的，但是社会和建筑师在使用这些材料和技术时的思想却是过去的。中国人在引进西方先进技术时，只引进技术不引进思想，这就是所谓的"中学为本、西学为用"。这种现象与日本明治维新之后发生的情况迥然不同。一百多年过去了，日本的建筑和设计早已现代化。我们号称是"唯物主义者"，怎么连"物质决定精神"这样基本而又简单的道理都弄不明白呢？

20世纪50年代初，西方的现代建筑设计思想在中国受到了批判，梁思成先生还曾为此专门作过检讨，1959年，这种批判被官方定论。但这桩学术上的冤案，直到今天也未曾得到平反。所以为此，我也写了几篇文章，表达了我对梁思成先生的学说思想的理解；为了说明梁先生的现代主义设计思想，我介绍了他的"结构理性主义"的学术观点以及他反对复古、反对在新建筑中使用"中国大屋顶"的许多言论。对于梁先生，现在社会上的许多人有很多的误解，他们把"大屋顶"与梁先生捆绑在一起，我觉得必须还历史于原貌。为了让大家更加了解"结构理性主义"，我对19世纪法国伟大的建筑理论家、文物保护专家、近代早期的建筑文物保护理论的创始人勒·杜克的"结构理性主义"，作了进一步的介绍。因为中国的建筑界对他的了解太少，但是如果不从他介绍起，我们几乎就找不到现代建筑思想的根。要学习现代主义，应该不能不谈到他。

在书中我还对建筑界今天的一些"热点问题"，发表了意见，其中包括"鸟巢"、2012 年伦敦奥运会场馆、上海正在建造的世界最大的展览中心"四叶草"、西安的"唐皇城复兴计划"等。对上述工程的评论和我对"鸟巢"与"伦敦碗"的比较，以及我对西方建筑师的一些设计作品的介绍，都是想说明"什么是现代主义？"，因为我想用实例去说明理论，便于读者的理解。我不想把文章变成学术论文，我只想用最通俗的语言让读者理解建筑和建筑设计。

书中有篇文章《从建筑方案的立意谈起》，是针对中国人对建筑方案的"立意"的误解而写的。中国人往往把"建筑方案的立意"与"绘画的立意"在概念上混淆起来，这种情况非常普遍，这往往会使得业主错误地选择了方案。这篇文章，我是专门写给那些建筑方案的决策者和青年建筑师的。书里所引的观点，仍是出自梁思成先生的文章。

王澍先生获得了 2012 年的世界建筑最高奖——"普利兹克奖"，这是中国建筑界的一件大事。对于王澍先生的设计和获奖，无论是业界还是民众都议论纷纷，不同的意见针锋相对。在书中，我谈了对王澍先生和他获奖的认识。

我对上述问题的看法是个人的一家之言，我希望看见其他人的看法。我始终认为，中国建筑学术界对理论的不求甚解，是一个严重的问题。在我阅读欧洲建筑史的过程中，深深体会到中西方建筑界在理论方面的巨大差距，以至于我们甚至读不懂西方建筑日新月异的变化。我希望我们大家一起来改变这个现状。

"建筑是历史的一面镜子"。要读懂建筑，只有读懂产生建筑的那个时代。同样要读懂中国当今的建筑，也只有到中国社会的历史和现状里去寻找原因。所以在这本书里，我又写了一些批判现实中丑恶现象的文章，这些现象都是我的亲身经历。其中涉及建筑教育、建筑决策、城市管理、社会文化、体制和腐败等方面；因为正是这些问题妨碍了中国建筑的现代化。

在书中，我附上一篇纪念母亲的文章，作为"序言"。她是一位普通、平凡的小学教师，我把她们那一代人的为人和教育思想记录下来，一方面是为了表达我对她的思念，也是对当今教育界出现的混乱现象的反思。在《速成》一文中，我也表达了我对教育界的混乱现象的不满。我希望这种情况能尽早过去。

最后，对于本书的出版，我还要感谢《住区》杂志社的朋友们所做的努力，要感谢清华大学建筑学院资料室的帮助，以及林洙先生的支持。

2012.07.19

一个资源匮乏时代的建筑

　　我的《建筑是什么》一书出版之后，引起了业内人士的关注。2011年8月24日，《建筑是什么》座谈会暨"中国当下建筑之思"论坛，在清华大学设计中心舜德厅举行。会议由清华大学建筑设计研究院、清华大学《住区》杂志主办。会后，我接受了《第一财经日报》记者苏娅的专访。专访的报道发表在9月9日的《第一财经日报》上，标题是《回归平民建筑》。报纸由于版面问题，对采访内容作了必要的删节。在这次采访中，我谈到的问题，有些在书中并未提及。趁我这本新书出版之际，我决定把那次的采访记录附于下：

对话季元振——集体失声的建筑界

　　第一财经日报：现在建筑界很少有人写作，你为什么要写这本书？

　　季元振：我这辈子搞建筑，遇见许多事情想不通，我总想把它弄个明白。所以把我的思考写下来与同行们交流，与民众交流，一直是我的一个愿望。但是中国建筑界有个传统，那就是只做设计，不谈理论、不留文字。这大概是因为解放以来，建筑学专业是历次政治运动中受批判和冲击最严重的领域之一。解放初，梁思成先生就受到批判。建筑学专业一直被认为是"封、资、修"的大本营。"文革"中，建筑学专业几乎要被取消。1977 年恢复高考，但是清华大学建筑系却开不了课，因为很多教师都离开了学校。直到 1978 年清华建筑系才重新招生，比别的学校晚了一年。所以长期以来，中国的建筑设计师们一直不愿说话，长期失声，这是有原因的。我今年快 70 了，但我依然无法理解 80 多岁的老学者们面对建筑乱相时，表现出的沉默和他们隐忍的表情，那是一种被长期挤压的痛苦的反应。写这本书，我不只是要写下思考，还想记录下历史。因为做设计要跟不同业主交往，能够了解众生相，我想让后人了解我们这个时代的建筑及其产生的原因。

被伤害的理论

　　第一财经日报："结构理性主义"的思想核心和产生的社会背景是什么？

　　季元振："结构理性主义"是巴黎美术学院的教授、建筑理论家尤金·维奥莱·勒·杜克在 1853 年的演讲中首次提到的建筑原则，1950年代我们翻译为"结构主义"，但这个译法有个问题——容易与哲学上的"结构主义"相混淆。后来我发现汪坦先生主持翻译的彼得·柯林斯《现代建筑设计思想的演变》一书中使用了"结构理性主义"这个词。

　　这一理论是推崇建筑科学的理论，对 20 世纪以来的现代建筑产生了重要影响。20世纪之前，全世界的建筑都用传统手工方法建造，材料都用砖瓦砂石。19世纪末开始，从发展生产力的要求出发，一些西方的建筑师认为对建筑也要进行改造，强调建筑形式要追随内部使用者的目的性和建筑材料的自然特性。在我们国家，这一理论在解放之初受到批判，当时我们效仿苏联，讲"民族形式"，孤立地强调建筑的形式，这一建筑思想的影响延绵至今。而"结构理性主义"强调：建筑的形式应该是有"理"可循的，这个"理"需要被科学证明。这是一个基于工业化变革的理论，把建筑的功能、结构、建筑材料、方法与艺术性作为一个整体，确立了建筑各要素的科学性原则，而非一些建筑师通常认为的——建筑是技术加艺术，建筑师必须是能够将建筑结构、建筑技术与艺术性打通的人，这是基本的建筑伦理。

第一财经日报：这个理论在中国的现实意义是什么？

季元振：这个理论确立的两大核心价值，在今天的中国需要不断重申：首先它强调建筑要符合建筑的纲领——遵循建筑的目的性：为什么建筑？为了谁建筑？其次，要根据建筑材料的性质去使用它。这个主义的思想核心就是符合建筑的科学性，把科学的观念引入建筑艺术理论，对节约材料和发展生产力最有利，但中国建筑界的奇怪现象是不讨论理论。

在中国，重视和了解建筑结构、建筑技术与建筑美学的关系的建筑师越来越少了，他们往往对艺术性和建筑形式进行孤立的强调，一些建筑系的学生甚至认为，强调结构，会妨碍他们的"创新"。尤其是，近些年来，一些西方的建筑师把中国当作建筑实验场，把在西方国家，由于建筑功能甚至安全性方面的问题，都无法实施的设计方案搬到中国来搞，产生了一些不顾功能和结构的合理，而样式新奇的建筑，为了弥补这些样式新奇的建筑在功能和安全性上的不足，就不得不花大钱。悲哀的是，这样的建筑正在成为一种潮流的标志。我们忘了，中国还是一个发展中国家，还有很多人的住房问题和住房安全问题没有得到解决，我们的建筑需要回到"少浪费地球的资源解决实际问题"这个质朴的层面上来。

第一财经日报：一个有趣的现象是，今天我们谈论梁思成先生的建筑学思想时，似乎艺术性和文化内涵方面的价值也被放大了，而梁先生在建筑科学性方面的思想相应地被淡化了。

季元振：20世纪20年代，中国有一批建筑师留学回来，中国的现代建筑学开始发展。梁思成在美国宾夕法尼亚大学学习建筑，这所学校与巴黎美术学院有千丝万缕的联系，他从那儿带回的建筑学思想是基于科学的、结构理性主义的。何以见得？一般人谈梁思成，一定谈梁先生的文化，一谈中国古代建筑一定是谈他讲中国古代建筑的文化，一定认为梁先生是个大艺术家，但梁先生是多面的，既有艺术家的一面，又有非常理性、非常科学的一面。梁先生研究中国古代建筑史，在1930年代研究中国建筑的法式，所谓法式就是规制和要求，但这些知识只有匠人懂，他一是靠调查实物，二是从修缮故宫的匠人那里学习。最重要的是，他把各个朝代的建筑纵向地进行了比较，这个比较的过程完全用西方的方法，不像很多人用感性来研究，《清式营造则例》是林徽因做的绪论，这个绪论非常重要的特点就是援引结构理性主义思想，钩沉了中国古代建筑从唐代到清代的一个演变脉络，其中一个核心思想是：科学性的衰落是建筑艺术衰落的根源和标志。

建筑理论是我们国家最缺少的，而"结构理性主义"是一个本质性的理论，它不是流派式的东西，而是一个理论的原点，这个理论可以包容不同的流派。就像书中所写到的那样，结构理性主义是"所有的法国哥特主义者、古典主义者和折中主义者所普遍具有的信念"。

平民建筑师的人文关怀

第一财经日报：我们对"民族形式"的强调基于何种心理？在今天，应该如何对待这种心理？

季元振：20世纪20、30年代欧洲人开始搞现代主义建筑。苏联是从赫鲁晓夫开始。在建筑上走工业化道路，他用这个办法解决了苏联人的住房问题。过去苏联建房子讲民族形式，花钱多，效益低。1950年代，苏联已经开始建筑上的改革了，而中国还在继续强调民族形式，在北京，一直搞到1990年代，"北京西客站"就是个例子——方盒子上面加一个民族形式的"大屋顶"。

那时候大家还没有意识到"民族形式"这一概念是有问题的，但是，这件事从没有被理论说清楚过。我们讲"民族形式"，但工业革命以前，世界上所有国家的建筑都是"民族形式"的，所以"民族形式"是世界共有的历史形态，是对过去建筑的统一称谓。

建筑问题复杂得不得了，不完全是科学层面的东西。梁思成先生在1940年代就意识到，民族形式的大屋顶与现代生产、生活方式是不协调的，但那时候的现实是我们在帝国主义的铁蹄下，需要从建筑的形式上确立民族自信心。今天情况已经发生了变化。我们不应该再纠结在这些问题上，要多想想老百姓的住房问题，至于那些重要建筑、标志性建筑应该用什么形式，问题太复杂，但其实也并不那么重要，我今天不想谈。我们就谈如何用"结构理性主义"的思想，少花钱、多办事，把老百姓的住房、学校、医院建设起来。这是最重要事情，西方在 20 世纪 20、30 年代已经解决了的问题，到现在又过去近一百年了。

第一财经日报："平民建筑"是现代主义者的重要思想，这一概念与"结构理性主义"有内在联系吗？

季元振：建筑师在封建时代永远是为社会上层服务的。在欧洲，建筑师总是为教皇、贵族和有钱人服务，老百姓的房子从来是自生自灭的自建形态，历来如此。"平民建筑"的概念也是欧洲首先提出的。一战之后，"房荒"在欧洲蔓延，所以说，现代主义建筑出现的催生婆是一战，那么多人流离失所，社会极不稳定。当时，建筑革命就是要解决平民的住房问题，一批现代主义的建筑师们正好在"结构理性主义"里找到了符合他们建筑理念的思想，他们认为工业化的方法最容易解决大批人的住房问题，既然是工业化、流水线生产，就需要产品的标准化和定型化。"结构理性主义"从思想变成物质，用了短短六十年时间，这是发生在欧洲的情况。

所以，我认为现代主义者是一批有社会责任感的社会精英，平民建筑的问题在今天的中国再次提出，是因为今天的建筑是为有钱人建的，替老百姓想想，他们根本没法买房子。住房、医疗、教育这是老百姓的基本生活问题，如果大家都穷，那是另外一回事，现在的问题不是这样。我书里讲的都是实例，一些业主的一个卫生间有 50 平方米，有这个必要么？欧洲、日本的旅馆都很小，非常经济，这就是现代主义的设计思想——最大化利用物质资源，如此，资源才能变为物质财富。

一个资源匮乏的时代反映在建筑上，应当是适度的面积和内部功能的完善化。我们讲节约型社会，但是在建筑上又是怎么反映的？所以，这是一个理论体系，把对资源禀赋、建筑对象的考量纳入一套系统。

第一财经日报：资本在中国经济中的作用越来越重要，在这样的现实之下，"平民建筑"怎么来做？

季元振：我们现在有些人想用商品经济的方法，解决老百姓这个群体的住房问题，这是根本解决不了的。我的研究生王立新在2002年做的调查报告里写道："城市居民50%是买不起房子的。"这个人数不小啊，这些人都要政府进行各种层面的补贴，必须借助政府支持才可能解决住房问题。

平民建筑的很大一块是社会福利，需要政府给予政策和财政扶持。但现在还是希望通过房地产的市场机制来解决老百姓买不起房子的问题，比如通过限房令来调控房地产价格，其做法是提高首付款，这样一来，穷人更加买不起房。再比如，房价为什么降不下来？一个原因是民众以为把钱放到房地产上就不会贬值，这是一种驱动，但很多房子并没有回归本质——居住。

所以，我明确提出要解决平民的住房问题得靠计划，而不是市场，我们需要有计划地建设，不能没有计划缺乏逻辑地下达一个指标，至于如何规划？如何落实？什么是建筑形式和功能之间的关系？什么是建筑艺术？在我国一直是笔糊涂账。我们完全没有工业化的洗礼，没有科学的方法，但建筑的科学性原则问题和建筑伦理问题必须进行理性的梳理和确立。

独辟蹊径

王澍先生获得了今年的国际建筑界最高奖——普利兹克奖[1]，这是中国人第一次获此殊荣。这个奖项是授予那些在建筑设计方面，作出重大贡献的、仍在世的建筑师的终生成就奖。在此以前，鼎鼎大名的美籍华人建筑师贝聿铭先生曾于 1983 年获过此奖。与贝先生的获奖不同的是，王澍的获奖让人们感到意外突然。贝先生在获此奖之前，早已蜚声国际，他的华盛顿国家美术馆东馆、巴黎卢浮宫博物馆的扩建工程等，都曾经是国际建筑业界的重大事件。从贝先生漫长的一生所走过的建筑创作道路上，人们可以清楚地看见他的成长、挫折，他的坚韧和不断创新的精神。所以当普利兹克奖颁给贝先生时，获奖已是众望所归。贝先生对世界建筑设计的贡献是无可置疑的。

普利兹克奖的历史并不长，这个奖项是 1979 年才设立的。彼时的世界建筑界已经是巨星陨落，英雄的时代一去不再复返。那些 20 世纪建筑界的领军人物，柯布西耶、赖特、格罗皮乌斯、密斯等[2]巨匠都已先后过世。那些对 20 世纪人类建筑事业曾经作出过重大贡献、使之实现现代化的一大批建筑大师都与此奖无缘。这个奖项设立之时，建筑设计界已经由现代建筑的一统天下走向了多元化。在这个时代，统一的建筑价值观已不复存在，所以普利兹克奖的评委们，客观上肩负着引导世界建筑发展走向的重任。因为西方人总是认为他们的观念是最先进的，代表着时代前进的方向。这些评委大多是欧美建筑理论界和设计界的重量级人物，他们用他们的建筑价值观来看世界，并通过他们的评奖去影响世界。由于普利兹克奖是奖励建筑师的"终生成就"的，所以获得者，一般来说都是成名在前，获奖在后。王澍先生的情况有些特殊，这也是中国人对他获奖感到震惊和"不可思议"的原因。

有人说"普利兹克奖"是建筑界的"诺贝尔奖"，其实这是一种不贴切的比喻。因为"普利兹克奖"奖励的是某位建筑师在建筑创新方面的"个人成就"。而"诺贝尔奖"则相反，它从不去评价科学家的终生成就，它奖励的是科学家的某项具体研究成果的价值。这是两种不同的奖励。

因为科学成果的真伪和大小都必须经过历史和时间的考验，所以一些科学家的发现虽然重大，但当时并未受到科学界普遍的重视；直到几十年以后，该项发现的开创性的历史意义，才被评委会认识到，该成果才会获奖。纳什就是这样的科学家，获奖时，他早已重病多年，几乎不省人事。正因为"诺贝尔奖"评奖办法的科学性和严谨性，所以也最具有权威性。但是由于"诺贝尔奖"只颁发给那些仍然在世的科学家，所以那些虽然对人类贡献极大的科学家，因"机缘"问题，不能获奖，也不会少。"诺贝尔奖"的获得者丁肇中先生说过："为获诺贝尔奖去工作是非常危险的。"同样，"为获普利兹克奖去工作也是非常危险的。"

关于获奖，我相信王澍的话："只是走到了这一站，碰巧被发了奖。"

王澍先生获奖后，业界和民众议论纷纷。关于王澍，我不认识。多少年前，在建筑界他就小有"名气"，这个名气并不在他设计的建筑的影响，而是他年少的"张狂"。他就读于南京东南大学建筑系，曾是齐康先生的硕士研究生。据说研究生毕业论文答辩时，面对众多建筑界的前辈，他放出"狂言"："中国有现代建筑吗？"，"没有！"。"中国有建筑师吗？"，"没有！"。他说中国只有一个半建筑师，一个就是他王澍，那半个是他的导师——齐康先生。对这件事，我没有上心，一笑了之，对他的设计从未有过关心。所以王澍先生的获奖，我也未曾料到，因为我从来未见过他的设计，我也从未在业界听到过对他的设计的赞扬。这大概就是直到今天，人们仍然对王澍的获奖议论纷纷的原因。

在今天，全世界的经济都处于萧条和危机之中，西方世界的建设基本停滞，只有中国一枝独秀，这里几乎是唯一的一个仍在大兴土木的宝地。改革开放之后，中国经济的腾飞，急速地带动了中国建筑业的发展。欧美、日本的建筑师们纷纷挤入这个全球最大的建筑业市场。在这里，西方的建筑观念和东方古老的建筑文化发生着剧烈的碰撞。在西方人的眼里，中国建筑向何处去，是他们非常关心的问题。对于西方学者来说，他们认为他们的建筑价值观是天经地义的，他们要在全世界推行之。对于西方建筑师来说，他们看好中国的建筑市场，希望在中国大展身手，把中国变成其建筑的实验场所。他们也在中国看见了一些符合他们价值观的新建筑，并认为这是中国建筑发展的某种希望。正如英国《金融时报》文章说："……普利兹克奖授予中国建筑师，似乎也是现代主义设计主流界对中国本地实践的认可。或者，也可以看作是欧洲、美国发起的所谓国际性艺术、设计奖项和展览按比例分配的最新例证：现在中国已经是如此庞大的一个市场和实验新建筑的基地，任何建筑师、评论家以及建筑商都不会视而不见。"这也就是"普利兹克奖"的评委会决定2012年的颁奖仪式定在中国举办，并让中国人张永和先生成为评委，而且最终选定中国建筑师获此奖的时代背景。

普利兹克先生说："这是具有划时代意义的一步，评委会决定将该奖项授予一名中国建筑师，这标志着世界已经认可中国的建筑理想将要发挥的作用。"普利兹克先生的这句话为王澍先生获奖作了最好的注脚。

其实对中国建筑界的关注，西方学者已经有了多年的历史。下面我摘引肯尼思·弗兰姆普敦在《建构文化研究》一书的中文版的再版（2009）"序言"里的几段话来说明之：

他写道："自从邓小平开启国家的现代化以来，中国在过去25年中的建设规模和速度几乎没有为这一巨变的环境后果留下任何反思的空间，无论这种反思是在生态层面还是在文化层面的。在人们无休止地对发展的共同追求面前，任何即时的思考判断似乎都必须让在一边。与此同时，规模庞大的都市化进程呈现出不确定和无序的局面，尤其在气候变异上和大规模污染的背景下看来更是如此。在中国，如同其他地方一样，许多人持这样的观点，即建筑师除了致力于使建筑具有某种相对的可持续品质之外，并不需要关注上述这类虚无缥缈的问题……"

弗兰姆普敦接着写道："不管多么出乎意料，正是最近两个在北京落成的主要作品促使人们思考上述这一类问题；事实上，这两个作品在钢材的使用上都呈现出一种肆无忌惮的态度。我这里说的是两个由外国建筑师为奥运年而设计的标志性建筑，即莱姆·库哈斯的央视大楼以及赫尔佐格和德梅隆的奥运体育场。在这两个案例中，我们看到的都是一种奇观性建筑（Spectacular Works），从建构诚实性和工程逻辑性的角度看，它们都乖张到了极端；前者在概念上夸大其辞，耍杂炫技，后者则'过度结构化'，以至于无法辨认何处是承重结构的结束，何处是无谓装饰（Gratuitous Decoration）的开始。尽管这两个建筑都树立了令人难忘的形象，但是人们仍然有理由认为，创造一个引人注目的形象并不必然需要在材料使用上如此肆无忌惮和丧失理性。在这两个案例中，我们看到的是一种极端的美学主义，其目的只有一个，就是创造一个惊人的奇观效果……"

弗兰姆普敦的观点代表着西方学术界对中国今天的建筑发展现状的主流观点。他们反对中国建筑界正在追求的"奇观性建筑"的倾向，对中国建筑业的健康发展存在着严重的忧虑，但又对中国的市场可能激发建筑的进步，存在着渴望。弗兰姆普敦严厉地批评了西方某些建筑师在中国的作为。他期望着中国的建筑在引进西方的现代建筑文明的同时，能继承中国古老的建筑文化，并且走上节能、环保的健康发展的道路，他在上述"序言"中，对中国古代木构建筑作出了高度评价，所引插图是宋朝的《营造法式》中的古代建筑的斗栱的构造；并指出，中国的传统建筑曾经影响到西方的现代建筑师的思想。他认为，中国人应继承中国古代工匠这种优秀的"建构文化"。他在书中还写到了他的期望，他说："尽管在过去20年里，中国不乏粗糙、虚假，甚至蛮横的建筑，但近年来也涌现出一批新生代中国建筑师，他们的作品充分显示出对于建构维度在建筑形式表达中的意义的理解"。弗兰姆普敦还在书中表达了对"新生代"的"敬意"。谁是新生代？他并未点名，现在看来王澍先生一定是其中之一。

如果我们把弗兰姆普敦的观点和这次普利兹克奖的颁发联系在一起的话，可以清楚地看到普利兹克奖评委们的观点。正如《授奖辞》所言：

"王澍在为我们打开全新视野的同时，又引起了场景与回忆之间的共鸣，他的建筑独具匠心，能够唤起往昔，却又不直接使用历史的元素。"大概这就是王澍获奖最根本的原因。

这个原因，我以为就是：

1.王澍在杭州"中国美院的象山校区"和"宁波博物馆"等建筑中，使用了中国传统的建筑材料：青砖、灰瓦和白粉墙。这些传统材料在中国城镇现代化的过程中，被人们废弃。王澍把这些被人们废弃的材料重新利用起来，这件事的本身有着现实的意义。因为在未来的城市发展中，必然会产生"建筑更新"，而废物利用是最节能和环保的。所以王澍的作品的意义已经跨越了建筑形式，而有着新的建造方式的意义；或者说，这些建筑有着建构（Tectonic）的意义。

2."青砖、灰瓦和白粉墙"及其营造方法，在西方人的眼里就是中国建筑的传统文化，因为在欧美，他们的砖、瓦和对墙面的处理工艺及其艺术效果都与中国的做法不同。王澍的这些建筑在西方人看来，是那样的"具有中国味儿"，当王澍将这些材料与现代建筑材料（钢筋混凝土、钢材、玻璃）结合在一起时，形成了新的"组合"方式。在他们眼里，这就是所谓的"建构"的创新。（"建构"［Tectonic］一词来源于古希腊语，最初指的是木工工艺，后来泛指两个部件之间的联结和工匠的工艺。"建构"一旦上升到"审美"的范畴时，它就成了一种"艺术"和"文化"。这是西方人对建筑艺术的一种理解，即密斯所言："技术达到了完美就升华为艺术"。）创造新的"建构"，涉及建筑艺术的本质。所以与那些企图利用"历史元素"（例如"大屋顶"、"斗栱"或者其他"装饰"手法）来表现"传统"的建筑不同，西方人认为"建构"的艺术比"附加装饰"的艺术更为本质（我在《关于尤金·艾曼努埃尔·维奥莱·勒·杜克和他的结构理性主义》一文中曾对这个问题作过介绍）。这就是评委们在"授奖辞"中对王澍建筑"不直接使用历史的元素"高度肯定的原因。

3. 王澍在使用这些传统材料时，充分发挥了传统工匠的创造精神。他"在浙江的乡村到处搜罗传统建筑技艺和匠人"，这些材料的使用非常随意（他让工匠们按照在传统建筑中的工艺去施工，不予干涉），这种朴实使建筑艺术的创造又回归到传统工匠手中，使得王澍的建筑有了点"土味儿"，我相信这种"土味儿"也是普利兹克奖评委们所喜欢的，因为它"唤起往昔"，引起"场景与回忆之间的共鸣"。建筑艺术的创造回归工匠之手，使建筑艺术回归"建造术"是建筑返璞归真的一种途径，也是现代主义的一种理想。

4. 近百年来，中国人为了使西方建筑中国化，曾探索过各种不同的道路。但王澍与前人所走的路径不同，评委会认为王澍的建筑"打开了全新的视野"。评委会要鼓励这种创造精神。

5. 与一般的中国建筑师在使用"青砖、灰瓦和白粉墙"时的做法不同：王澍大胆地采用了西方人的不规则的建筑平面、西方建筑的构图手法（包括宁波博物馆的抽象的立体雕塑感等）以及建筑立面门窗洞口的杂乱布置和由此而带来的室内光线的神秘感等。而这些，正是西方人感到亲切和熟悉的西方建筑文化。

6. 我以为普利兹克奖评委们之所以喜欢王澍的建筑，正是因为在王澍的作品中，既有他们非常熟悉的，又有他们非常不熟悉的东西。这种既熟悉又陌生，唤起了他们对中国传统建筑文化和建造工艺的神秘之感，同时又使他们能对这些建筑产生共鸣，而那些渗透在王澍建筑中的西方建筑文化是评委们骨髓中的。凡了解西方现代建筑的中国建筑学者，都会从王澍的建筑中敏感地察觉到这些建筑骨子里的"西洋味儿"。这就像一个"混血儿"，有着欧洲人的父亲和中国人的母亲。在中国人看来，他的样子无论如何都像欧洲人，而在欧洲人看来，他的样子无论如何都像中国人。

也正因为王澍的建筑具有上述的这种"杂交"的性质，王澍的建筑获得了西方人的青睐，却并未激起中国人的狂热的吹捧，相反在某种程度上，可以说是遭到了冷遇，因为中国人对西方人的建筑观念并不了解。下面我摘引记者张玉梅的采访报道来说明中国人对王澍作品的反应：（光明日报 2012 年 6 月 28 日《王澍：原来建筑还可以这样》）

"'不可思议'，不少建筑界人士听到这个消息感到震惊。"

"其实，王澍这个获奖建筑在国内并没有拿到什么奖项，而且颇受争议，一期建成伊始，有专业建筑师说，如果想看杭州最难看的建筑，去美院象山校区吧。"

"有参观者评价，这个校园像个修道院。"

"刚入校的新生找不到教室的门。"

"有员工抱怨：这么一大片地，所有的建筑都沿围墙建起来，中间的距离还那么小。"

"也有老师不喜欢王澍设计的教室，光线偏暗。"

"从某种意义上来说，王澍的建筑是不合时宜的：非标准化、没有速度、不追求效率。"

对于这些批评，王澍的回答更像是调侃。

他说："找不到门，不是一件很有趣的事吗？"

对于教室光线暗，他说："为什么不到走廊里去上课呢？走廊我设计得很宽。"

"为什么不到屋檐下去上课？""为什么不到院子里上课呢？那里有一棵大树。"

"甚至还可以到屋顶上课啊，那里阳光灿烂。"

关于上述这些问题，王澍的回答是一种无理的狡辩。但是他对中国传统建筑文化的兴趣，以及他对中国当前城市和农村中的"大拆大建"的反感，是他最为可取的思想。他收集了数百万块砖，从不同的拆迁现场搬来，重新在新建的建筑中使用。他说："我们是不是拆得太快了，是不是只顾拆除而忘了是怎么建造起来的。""我们是不是要想一下怎么合理利用这些工艺，发挥其在建筑学上的价值。因此争议我不在乎。"鉴于希望在新建筑中，尽可能地保留传统工匠的手艺的思想，王澍到处去寻找各地的传统工匠，在他设计的建筑中随意去建造。他希望他们在新的建筑的建造中，能尽量保留传统的工艺。

他还说："在中国的城市当中，很多人问我这个问题，我就一句话，哀莫大于心死，这就是我对中国城市现状的看法，这可能被人视为偏激，我最担心的是，我们的传统文化被彻底摧毁了，比如说对我们文化的自信，对传统文化的尊重。想想看，再过十年，当我们再看中国的城市，都是西方的色彩和建筑，大家还能说自己是中国人吗？我们不能走到那一步：这个城市所有的和中国传统有关的一切都被铲平，剩下了几个像文物一样的保护点，剩下的东西放在博物馆里。"这铿锵有力的话语，表达了他的建筑理想。

王澍与今天众多的青年建筑师不同，他不在电脑的效果图里去研究什么"创造"，他更像一位工匠，把建筑创作视为工匠的创造，他是一位成天泡在工地的建筑师。他学习"包豪斯"，在他的课堂里，记者"发现基础教学以木工为主，接着是石头、砖头和砌筑的课"。其实这个教学方法并非创造，在密斯主持的伊利诺伊理工学院（IIT）的建筑系的教学大纲中早已明确。在中国，早在六十多年前梁思成先生就在清华建筑系开设了"木工"、"雕塑"等课程，而"瓦工实习"则是每个学生的必修课，只是在中国现在的大学里已无人再强调这样的教学内容了。

对王澍先生的评价充满着各种矛盾。"有评论说，他的设计展示了丰富的当代性；又有评论说他顽固地怀旧。他甚至生活在过去，几乎不上网，很少用手机。"这些完全对立的评价，反映的是我们这个时代的特征：一个尚不清楚如何前进的中国建筑界。

如果有人问我对王澍的看法，那么我会说：他是一位默默地在他的建筑理想的田园中耕耘的农夫，他怀旧、他苦恼，他独辟蹊径，走着自己的路。他的可贵之处在于他对自己追求的不弃不离。他要把建筑回归建造的本质，他说："我不做'建筑'，只做'房子'……但是房子比建筑更根本，它紧扣当下的生活，它是朴素的，通常是琐碎的……"。这在今天的中国，当人们大力鼓吹所谓的建筑的形象设计，大搞形式主义，追求"眼睛一亮"时，他的观点变得十分值得珍惜。他希望在中国建筑现代化中仍能保留传统的中国精神。我想这就是他为什么会进入西方学术界视野的原因。但是他对现代技术的认识可能存在着偏见，他说："比技术更重要的是朴素建构手艺中光辉灿烂的语言规范和思想。"在这里，王澍先生没有看到"技术进步"对今天中国建筑业的意义，他似乎把"技术"与"传统的建构手艺"对立了起来。王澍对手工艺的热情固然可贵，但是手工艺的时代终将过去。所以，有评论认为"从某种意义上来说，王澍的建筑是不合时宜的：非标准化、没有速度、不追求效率。"

在我看来，新的技术必定与新的建构相联系。我更相信的是 20 世纪那些现代建筑的巨匠们，因为他们所做的工作，不是简单地保存传统工匠的传统手工艺，而是去创造新技术并创造机械生产的现代建构的方式和现代的语言。到目前为止，王澍还没有用他的作品令人信服地回答：什么是"朴素建构手艺中光辉灿烂的语言规范和思想。"我相信，要回答这个问题，不是一个"象山校园"能做到的，这需要现代建筑在中国"本土化"的一个漫长的历史过程，需要一大批有志于这个事业的中国建筑师自觉的努力。

独辟蹊径是王澍的获奖之路，凡有志者都应该独辟蹊径。但是蹊径只是条小道，走小道是孤独的，他需要同伴，中国建筑界需要一大批独辟蹊径者。王澍带了个头，让我们看见："原来建筑还可以这样"。希望有更多的人告诉我们："原来建筑还可以那样"。普利兹克奖评委们之所以对王澍的工作给予肯定，我想就是因为，如弗兰姆普敦所说："在过去20年里，中国不乏粗糙、虚假，甚至蛮横的建筑"，而在这样的环境里，王澍带了个头，为我们打开了全新的视野，这就是王澍的成就。

直到今天，人们对王澍建筑的评价仍然是众说纷纭，在"大一统"思维的中国，这似乎不大正常。但是我以为这是件好事，有不同的观点才说明人们有了思想，不再人云亦云了。至于对王澍建筑的评价最终只能让历史去说话。正如贝聿铭先生所说："批评需要历史，需要时间，要过几十年再看。"

所以我以为，王澍建筑的重要性并不在于王澍是否真正找到了中国建筑的出路，而在于它给中国建筑师的启示，这就是：只有创造，才有前途。我相信：中国需要更多的建筑师默默无闻地走在独自开辟的道路上，只有这样，最终才能真正地走出中国人自己的建筑现代化之路。

注释

1. 普利兹克奖（Pritzker Architecture Prize）是每年一次颁给建筑师个人的奖项。1979 年由普利兹克家族的杰伊·普利兹克和他的妻子辛蒂发起，凯悦基金会（Hyatt Foundation）所赞助的针对建筑师个人颁布的奖项。每年约有五百多名从事建筑设计工作的建筑师被提名，由来自世界各地的知名建筑师及学者组成评审团评出一个个人或组合，以表彰其在建筑设计创作中所表现出的才智、洞察力和献身精神，以及其通过建筑艺术为人类及人工环境方面所作出的杰出贡献。

从 1979~2013 年已颁给 38 位建筑师，对于世界上的建筑师而言，获奖意味着至高无上的终身荣耀。

2. 现代主义建筑是 20 世纪中叶在西方建筑界居主导地位的一类建筑，其代表人物有勒·柯布西耶、密斯·凡·德·罗、格罗皮乌斯、赖特等建筑巨匠。他们主张建筑师应当摆脱传统建筑形式的束缚，大胆创造适应于工业化社会的条件和要求的崭新建筑。现代主义建筑思潮发轫于 19 世纪后期，成熟于 20 世纪 20 年代。在这个历史阶段中，一大批西方建筑师在为现代主义建筑的实现而努力。这个现象被称为现代主义建筑运动。

2012.07.18

走入工匠传统的梁思成

在西方建筑界，建筑师产生于工匠之中，从古希腊、古罗马、拜占庭到哥特时期都是这样。西方工匠有着相当高的社会地位，这是因为西方传统文化中重视对自然界的探索，研究科学技术是他们的传统。所以他们中的不少人甚至成为了国王和教皇的朋友。直到文艺复兴之后，知识分子才开始介入建筑师这个职业。即使这样，建筑上的文艺复兴运动仍然首先是在传统工匠中产生的。佛罗伦萨主教堂的设计者伯鲁乃列斯基（Fillipo Brunelleschi）就是一位传统的工匠。他"钻研了当时的先进的科学技术，特别是机械学；他掌握了古罗马、拜占庭和哥特式的建筑结构；他在雕刻和工艺美术上有很深的造诣；他熟悉了古典建筑。"[1] 他在佛罗伦萨主教堂中的大穹顶的创造，是建筑结构和它的艺术表现完美结合的一个典范。在中国的历史上，像伯鲁乃列斯基这样博学多才的工匠，从未出现，那是西方社会的产物。用现代的观点来看，那些工匠是研究科学技术出身的、具有高度文化艺术素养的知识分子。

由于上述历史的原因，西方建筑师的建筑观念中一直继承了工匠的传统，虽然后来画家、艺术家、文人都纷纷介入建筑界，但是由于工匠传统力量的强大，西方建筑师观念中的主流意识始终没有脱离"建造"这个建筑最本质的问题。每当建筑的潮流受到各种其他文化影响而发生偏转之时，工匠的力量总是会把建筑的方向重新引回到建筑的本质上来。19世纪在欧洲发生的关于"建筑艺术性"的大论战，以法国巴黎美术学院为首的"学院派"与勒·杜克（Eugene-Emmanuel Viollet-le-Duc）[2] 等人之间的斗争，实际上反映的是社会上的两种不同的建筑文化之争。"学院派"代表的是当时一部分知识分子对建筑艺术的理解，这些知识分子往往只从建筑的表现形式，从建筑的外部形态去研究建筑的文化，因为他们不是真正的建造者。勒·杜克不同，他虽然也是法国巴黎美术学院的教授，但他从研究哥特建筑入手，从哥特建筑的产生和演变之中，不仅看见了哥特建筑的艺术表现，而且看见了哥特建筑艺术表现身后的技术背景，他在大量的哥特教堂修复的实践中，真正理解了古代工匠的建造思想。他把这种思想称为是"哥特建筑的灵感"。所以他会说："显然，如果中世纪建造者们掌握了铸铁和轧铁技术的话，他们就不会再像他们实际上做的那样使用石材了。……然而中世纪的建设者们并没有忘记结构原理，他们是在石砌建筑中应用这个原理"。[3]

与勒·杜克一样，梁思成先生也是从传统建筑的研究中，去探索古代建筑文化的精髓之处的。他向工匠们学习，从建造的角度出发，研究营造的方法、建构的原理、结构构造及其艺术的表现等问题。勒·杜克研究了哥特建筑，编写了《11~16世纪法国建筑辞典》，梁思成先生研究了清式建筑，在《清工部工程做法》的基础上，1934年出版了《清式营造则例》[4]。他用图解的方式，为中国古建筑繁杂的各类建筑及其构件明确了"称谓",成了中国传统建筑的一部"辞典"。他还通过对古代资料文献的查阅整理,并应用实地考察、古建测绘、文物考古等手段,系统地研究了中国古代建筑自唐宋以来上千年的演革历史。他发现了佛光寺大殿、应县木塔等中国现存的最古老的木构;并对大量的中国古建遗构的年代进行考证,对各时代的建筑的特征进行归纳和总结。他通过对宋朝《营造法式》和清朝《营造则例》的比较和实物调研,发现了中国传统木构建筑艺术衰败的原因,他确认这种原因在于建筑技术的停滞甚至倒退。他建立了对中国传统建筑的评价体系,完成了《中国建筑史》(1944年)[5],纠正了外国人所写的同类书中的许多错误(例如:1923年及1925年德国人 E.Boerschmann 所著的《中国建筑史》及瑞典艺术家 Os Wald Siren 所著《北京城墙及城楼》等)[6]。他坚持用英文文稿向国外介绍中国建筑,《图说中国建筑史》(A Pictorial History of Chinese Architecture)就是这样的一部向世界介绍中国建筑的书。他为世界建筑史填补了空白,受到了国际学术界的高度评价。

正如美国历史学家、美国现代中国学的奠基人之一 John K·Fairbank(费正清)教授所言:"在外国人看来,梁思成和林徽因在自己专业中的成就几乎是无与伦比的。他们一道探访并发现了许多中国古建筑的珍贵遗构。并且,由于受过专门教育,他们有能力把它们介绍给世界,并做出科学的描述和分析。"[7]

勒·杜克在修复古代哥特建筑中向传统工匠学习,理解欧洲古代工匠的思想;梁思成先生在研究中国古代建筑中,同样向传统工匠学习。在中国营造学社工作期间,他曾让单士元先生"遍访老工艺师傅",对"瓦、木、扎、石、土、油漆、彩画、糊等各工种,从工具到备料、工艺等,均向老技工请教。","学社曾访问清初制做烫样世家样式雷(的后人）……"等众多匠人 [8]。

为了继承中国的传统建筑文化，梁先生、林先生他们脚踏实地，向社会地位低下的工匠（泥瓦匠、木匠、石匠、油漆匠、裱糊匠等人）学习，与工匠们交朋友；这些事都发生在 20 世纪 30 年代的中国。那时的中国是一个贫富悬殊的等级社会，上层社会名流一般耻于与工匠为伍。而梁、林两师，虽都出身名门世家，早年留洋归国、才华横溢，但是在他们的心中，却充满着对工匠的尊重，这是因为他们对工匠技艺的尊重。

梁先生的成就是离不开这些工匠的。由于梁先生他们拜工匠为师，向工匠学习，终于读懂了那些繁杂的、艰涩枯燥的中国古代木构的构件和将其组装起来的建构方法，并用现代科学的理论去阐述这种"建构方法"和它包含的科学原理。在对历代中国建筑艺术性的评价中，梁先生将历代建筑应用"科学原理"的水平，作为判断建筑"艺术性"水平高低的标准，这与欧洲史学家们在研究欧洲古代建筑形制的产生、发展、鼎盛和衰落现象时采用的方法，相似或相同。

梁先生通过这种研究，体验到了中国工匠智慧的光辉，理解了中国建筑之精华。

从工匠的角度出发，即从建造的角度出发，从功能的角度出发，去研究建筑形式产生的原因，是梁先生研究中国古代建筑的最鲜明的特点之一。他与林徽因先生认为："建筑上的美，是不能脱离合理的、有机能的、有作用的结构而独立。能呈现平稳、舒适、自然的外像，能诚实地袒露内部有机的结构、各部的功用及全部的组织，不掩饰，不矫揉造作，能自然地发挥其所用材料的特性……这些便是'建筑美'所包含的条件"。[9] 这个观点与勒·杜克一样。勒·杜克说："在建筑中，有两点必须做到忠实，一是忠实于建造的目标，二是忠实于建造方法。忠于目标，这就必须精确地和简单地满足由需要提出的条件，忠于建造方法，就必须按照材料的质量和性能去应用它们。"[10]

直接向工匠学习，站在工匠技艺的立场上，对建筑的优劣进行评价；在中国，梁思成先生是第一人。梁先生在工作中，与工匠们（如"样式雷"家族）建立了深厚的情谊。抗战胜利后，梁先生重返北京，曾请人寻找那些失散多年的老师傅；梁先生要表达他对工匠们支持他研究工作的感激之情。梁先生、林先生为其爱子起名"从诫"，就是为了纪念编著《营造法式》（公元1100年）的宋朝大工匠李诫。20世纪60年代，梁先生在《人民日报》上发表了一系列介绍中国建筑的文章，梁先生为其文章的栏目取名为《拙匠随笔》。[11] 梁先生自称为"拙匠"，他曾告诫清华建筑系的学生们："建筑师不过匠人而已。"以表示对工匠的敬意。关于这样评价建筑师的言论，除梁先生外，我尚未听见其他人曾这样说过。解放初期，梁先生办建筑系，要学生们上"木工"课，清华建筑系的老师为了抢救濒临失传的"景泰蓝"工艺，向老技工请教。梁先生深刻理解建筑艺术与工匠的关系。所以我们可以说，梁先生不愧为"第一位走入中国传统工匠的文人"。

然而中国的工匠可没有欧洲工匠幸运。在中国的传统文化中，人分四等，"士、农、工、商"。农民已经够苦的了，工匠就更为低下。一般的知识分子从来没有把工匠的技艺当回事，更不用说向他们学习，研究他们的思想了。梁思成先生在他的《为什么研究中国建筑》一文中，有这样的一段话意味深长，他说："中国金石书画素得士大夫之重视，各朝代对它们爱护欣赏，并不在文章诗词之下……独是建筑，数千年来，完全在技工匠人之手。其艺术表现大多数是不自觉的师承及演变的结果。这个同欧洲文艺复兴以前的建筑情形相似。这些无名匠师，虽然在实物上为世界留下许多伟大奇迹，在理论上却未为自己或其创造留下解析或夸耀。"¹² 所以，在梁思成先生之前的中国历代文人之中，是少有人能真正懂得中国传统建筑的文化价值的。即使他同时代的建筑学者中，也少有像梁先生那样深刻理解中国传统建筑的，这是因为他走入了工匠之中。他与传统中国文人不同：那些文人并不了解，也不想了解，不屑于研究，更不懂得鉴赏中国古代匠人的才华。他们最多只能从建筑的外观上去享受建筑的形式美所带来的愉悦之感受。正是梁先生的研究，尊重工匠，深入匠人的手工艺，才能揭示出这种美背后的本质，并明确了如何判断这种艺术水平高下的标准，使得人们能够读懂中国建筑，学会鉴赏它。

关于他对中国建筑的评价，最精辟的评述可见他的名著《清式营造则例》一书的绪论；这篇绪论是梁先生委托他的夫人林徽因先生撰写的，表达了他和林先生对中国建筑艺术性的观点。他们认为这种艺术性在于它的结构性、它的真实性、"平稳、舒适、自然的外像"、"不滥用曲线去媚俗"以及它"特殊样式的内部是智慧的组织，诚实的努力"。¹³

同样，梁思成先生也没有勒·杜克那样幸运。他的主张一直没有真正地得到中国官方甚至某些文人的认可。梁先生对中国人的建筑观念有一段精彩的评述。他说："（由于中国人不懂得欣赏中国建筑，所以）一个时代过去，一个时代继起，多因主观上失去兴趣，便将前代伟创加以摧毁，或同于摧毁之改造。亦因此，我国各代素无客观地鉴赏前人建筑之习惯。在隋唐建设之际，没有对秦汉旧物加以重视和保护。北宋之对唐建，明清之对宋元遗构，亦未加珍惜。重建古建，均以本时代手法，擅易其形式内容，不为古物原貌着想。寺观均在名义上，保留其创始年代，其中殿宇实物，则多任意改观。这倾向与书画仿古之风大不相同。"¹⁴

我想中国建筑历史中的上述现象的产生，完全是因为许多中国人轻蔑工匠的劳动所致。直到今日，上述局面丝毫未变，城市建设中大拆大建和随意改造前人所建之风盛行；在建筑设计界，建筑师毫无地位可言；在建筑业界，建筑工匠的社会地位卑微，生存状况堪忧；这就是中国传统文化中之糟粕，虽有极少数学者奔走呼吁，官方却少有清醒者。即使有清醒者，也无能为力，因为在传统文化前，个人之力实在不堪一击。

梁先生对 20 世纪中国人在引进西方建筑时的观念，也有一段生动的描写。他说："自 '西式楼房' 盛于通商大埠以来，豪富商贾及中产之家无不深爱新异，以中国原有建筑为陈腐。他们虽不是蓄意将中国建筑完全毁灭，而在事实上，国内原有很精美的建筑物多被西洋楼房和门面取而代之。主要城市今日……充满非艺术之建筑。" **15**

梁先生几十年前所说的现象今日更是到处可见。所谓欧陆风就是这类西洋楼房，过去在中国的城市里，到处可见在旧房子前面贴上一个西洋式的"门脸"。门脸的样式全由业主凭喜好选定，"法兰西"式的、"意大利"式的、"德"式的等等。现在依然如此，不过名称可能变了，变成了"民族形式"的、"现代派"的、"后现代派"的或是"某某主义"的。总之，在中国人的眼里，建筑就是一种"样式"，追求"新异"成了时髦，"样式"成了"洋式"。但是这类追求表面样式的建筑，在梁先生看来都是"非艺术之建筑"。然而中国的许多人竟认为只有这样的建筑才有艺术性。

梁先生学贯中西，对西方建筑史了如指掌。他继承了西方的"结构理性主义"，又从中国传统工匠那里，印证了中国传统建筑与西方传统建筑的共通之处。他对古建筑的研究，使他坚定了继承传统精神的决心，也加深了他对中国建筑文化独到的见解。《清式营造则例》一书的绪论中写道："以现代的眼光，重新注意到中国建筑的一般人，虽然尊崇中国建筑特殊外形的美丽，却常忽略其结构的价值"。[16] 这是他与林徽因先生对当时中国人建筑观念的批评。

从上面梁先生的几段言论中，我们似乎已经感受到了梁先生和林先生的孤独，因为他们的建筑价值观与一般的中国人相比，差距太大，甚至完全相反。梁先生的许多行为，往往得不到一般中国人的理解，甚至包括中国的许多知识分子。他对北京古城的保护，被人们误解为反对北京城的现代化；他研究中国传统建筑，被人们误解为他要提倡中国的大屋顶。

其实了解梁先生的人才知道，梁先生是一位真正反对复古，提倡建筑现代化的建筑学家。由于梁先生把平生精力都贡献于建筑历史和理论的研究以及文物保护工作，具体的实用性建筑的设计并不很多。现今留有记载的实例，其中没有一幢是大屋顶的仿古建筑（1930 年吉林大学规划及教学楼、宿舍，1932 年北京王府井大街的仁立地毯公司，1934 年北京大学地质馆，1935 年北京大学女生宿舍等）。[17] 据当年与梁先生在一起设计"吉林大学"的、他的同学陈植先生的回忆："当时思成兄力主建筑要具有民族特色，但不应复古。吉林大学即以此原则尝试设计的。"[18] 其中，对于"仁立地毯公司"的设计，林徽因先生颇为赞赏。

1950 年，梁先生与陈占祥先生为解放后北京市的城市规划问题，向中央上书，提出《关于中央人民政府行政中心区位置的建议》；"建议"中，对于北京市建设中有关建筑设计问题，梁先生写道："建筑本身的形体必须是适合于现时代及有发展性的工作需要的布置；必须忠实地依据现代经济的材料和技术；必须能同时利用本土材料，表现民族传统特征及时代精神的创造；不是盲目地模仿古制和外国形式。"在"建议"的"附件"中，他再一次强调："（北京的新建筑）……不是盲目地做'宫殿式'（即大屋顶）或'外国式'的形式主义的建筑。" [19] 这反映了梁先生一贯的建筑理想。

的确，梁先生曾参加过一些古建仿建的顾问工作，因为他是古建的专家。例如：他曾参加仿建"辽构""宋构"的南京博物院（原国立中央博物院，1937年因日军侵略停建，1946年恢复建设，徐敬直、李惠伯设计，梁思成顾问）和参加仿建"唐构"的鉴真和尚纪念堂的工作（1963年设计，1973年全部落成，扬州市建设局、扬州市建筑设计院设计，梁思成顾问）。关于他在设计中的工作，他在《扬州鉴真大和尚纪念堂设计方案》（1963年）一文中，谦逊地说："扬州建设局在方案的草拟上，特别是在整体的设计意图上，是主要的创作者，我不过略尽一臂之助。"

在鉴真和尚纪念堂的设计中，梁先生调整建筑的"比例，尺度和建筑风格" [20]，使得风格回归唐风，因为鉴真和尚是在唐朝东渡日本的。纪念堂是一座特殊意义的建筑，采用"唐式"并无不妥。此组建筑美极了，是难得的精品。梁先生之所以如此花费心血，我相信他一定是希望让中国民众，能真正看见中国古代建筑鼎盛时期的真实面貌，不要因为错误的建造而失去了中国传统建筑的精神。

也正是由于梁先生的参与，南京博物院和鉴真大和尚纪念堂才达到了这类工程设计的顶峰。这是因为梁先生对中国建筑艺术有着深刻的研究。

对于梁先生的这类工作，许多建筑师并不以为然。他们认为"古建筑的创新"才最有意义。但是梁先生自有看法，对那类所谓的"复古"而又所谓"创新"的建筑总是批评有加。例如：1935年，他在《中国建筑艺术图集》的自序中，对外国建筑师所设计的协和医院、燕京大学、南京金陵大学、金陵女子大学等仿古中国建筑，以及吕彦直先生所设计的南京中山陵都曾经有过批评。梁先生说："前 20 年左右，中国文化曾在西方出健旺的风头，于是在中国的外国建筑师，也随了那时髦的潮流，将中国建筑固有的许多样式，加到他们新盖的房子上去。其中尤以教会建筑多取此式，如北平协和医院、燕京大学、济南齐鲁大学、南京金陵大学、四川华西大学等。这多处的中国式新建筑，虽然对于中国建筑趣味精神浓淡不同，设计的优劣不等，但它们的通病则全在对于中国建筑权衡结构缺乏基本的认识的一点上。他们均注意外形的模仿，而不顾中外结构之异同处，所采用的四角翘起的中国式屋顶，勉强生硬地加在一个洋楼上；其上下结构划然不同旨趣，除却琉璃瓦本具显然代表中国艺术特征外，其他可以说仍为西洋建筑。"[21] 对于中山陵工程，他认为它所代表的"民族形式"是不成熟的。[22] 他虽然认同中山陵所代表的复兴中国的民族精神，但他并不赞同设计的具体手法；因为他认为这些建筑并不符合中国建筑建构原理的艺术表现。他的思想更接近勒·杜克，勒·杜克可以去修复巴黎圣母院，但他却反对哥特复兴主义的建筑。在中国的文人建筑师中，少有梁先生这样独到的眼光，因为他太了解中国传统建筑表现形式背后的建构原理。

梁先生与勒·杜克一样，思想是与时俱进的。随着当时欧美的现代建筑的日益进步，他深深知道生产中国传统建筑的时代已经过去，1945年，他在《为什么研究中国建筑》一文中说："因为最近建筑工程的进步，在最清醒的建筑理论立场来看，'宫殿式'的结构已不合乎近代科学及艺术的理想。'宫殿式'的产生是由于欣赏中国建筑的外貌。建筑师想保留壮丽的琉璃屋瓦，更以新材料及技术将中国大殿轮廓约略模仿出来。在形式上模仿清式官衙，在结构平面上又模仿西洋古典派的普通组织。在细项上窗子的比例多属于西洋系统，大门栏杆又多模仿国粹。它是东西制度的勉强凑合，这两制度又大都属于过去的时代。它最像欧美所曾流行的'仿古建筑'（19世纪的复兴主义建筑）。因为糜费侈大，它不常适合于中国一般的经济情形，所以不能普遍。"他还说："世界建筑工程对于钢铁及化学材料之结构越有彻底的了解，近来应用越趋简捷。形式为部署逻辑，部署又为实际问题最美最善的答案，已为建筑艺术的抽象理想。我们不能与此理想背道而驰。"[23]

从上述梁先生的文字中，我们已经清楚地看见他的建筑创作思想了，他通过对中国传统建筑和西方建筑的研究，真正认识到了中国建筑艺术的精神（中国建筑的结构性和建构文化），他早已认同了现代主义建筑的务实理想，他比同代人又大大地前进了一步。

可悲的是，他的这种建筑理想在当时的中国没有被理解。他把希望寄托在年轻人的身上，1946年，他要创办一个全新的建筑系。他曾经希望清华建筑系能跟上世界最新的建筑潮流。他想摆脱当时在中国占统治地位的布扎（Beaux-Arts）体系[24]的建筑教育。他为创办清华建筑系，致信给当时的清华大学校长梅贻琦先生，他在信中写道："在课程方面，生以为国内数大学现在所用教学方法，即英美曾沿用数十年之法国Ecole des Beaux Arts（巴黎美术学院）式之教学法，颇显陈旧，过于着重派别形式，不近实际。今后课程宜参照德国Prof, Walter Gropius（格罗庇乌斯）所创之Bauhaus（包豪斯）方法，着重实际方面，以工程地为实习场，设计与实施并重，以养成富有创造力之实用人才"。

据当时的清华学生回忆：梁先生、林先生在系里的教学中，谈的都是重视功能的思想，强调的都是以人为本。林先生介绍"北京大学女生宿舍"设计时说，女生宿舍的设计要考虑女生的特点。女同学个子矮、手掌小。所以在设计楼梯扶手时，栏杆高度应比一般建筑的栏杆略低一些，扶手也应该略细一些。为此，梁、林两位先生走访了不少建筑，对建筑中的扶手逐一抚摸，直到找到合适的感觉，以确定栏杆的高度和扶手粗细。

在 20 世纪 50 年代，设计清华大学"三十六所"（教授住宅）时，林先生对学生们说："建筑就是为人的生活设计的"。她说："住宅的厨房非常重要。厨房不仅要用得好，最好窗子外的景致也要好，要有阳光，因为女主人一天要花几个小时待在厨房里。"当时，"三十六所"没有暖气供应。为了采暖，要设计"暖墙"。对于"暖墙"的位置放在哪里合适？林先生动足了脑筋。在中国传统建筑中，"暖墙"与"火炕"、"灶台"相连。但在新建筑中，厨房已经独立，人们已经不再用"火炕"了。林先生说："冬天，冷风从大门而入，我就把'暖墙'设置在门口，设计成'影壁'，把冷风挡住而把暖气带进。"这个小故事充分反映了梁、林两位先生的建筑观。

梁思成先生在美国宾夕法尼亚大学接受的是布扎体系的建筑教育，但是他从不固步自封，他勤于学习，不断更新建筑观念。他运用现代的科学思想对中国传统建筑进行了深入的研究。通过研究，他更加坚信建筑发展的规律，他理解世界建筑发生变化的理由，他认定了现代主义是世界建筑的潮流和方向，他希望中华民族能在现代化的过程中，创造出具有中国精神的现代建筑。他说："艺术研究可以培养美感，用此驾驭材料，不论是木材、石块、化学混合物或钢铁，都同样可能创造有特点富于风格趣味的建筑。世界各国在最新法结构原则下造成所谓'国际式'建筑；但每个国家民族仍有不同的表现。"[25] 这就是他的建筑理想。

可惜的是，梁先生信奉的这种现代主义设计理想，在解放后被作为"世界主义"而遭到批判。在1951年，迫于政治形势，迫于向苏联专家"民族主义"学习的压力，他为上述思想作了检讨 [26]，从此以后，梁先生再也不能做出举世瞩目的成就了。

在当时的苏联专家影响下，中国建筑从此走上了"民族主义"的道路，北京开始建设大屋顶的新建筑。但是由于这类建筑造价太高，在 1952 年党发起的"三反"运动中（反贪污、反浪费、反对官僚主义），遭到批判。梁先生莫名其妙成了错误的建设方针的"替罪羊"。从此之后，梁先生的厄运开始，每到有政治运动，他都要受到批判；他被作为某类知识分子的"典型"，成了每次运动的"反面教员"。他为了保护中国传统建筑的遗构和保护北京古城，又蒙受了"复古主义代表者"的耻辱。

正如他的儿子梁从诫所言，梁先生是一位悲剧式的人物。他的可悲，正是因为他的过人之处得不到远远落后于他的中国人的承认。从 20 世纪 50 年代起，他不断地受到批判。而批判他的人名义上是打着反"复古主义"的旗帜，实际上却在反对着他的真实主张。我以为，这才是他悲剧式的人生中最为可悲的地方。

注释

1. 陈志华 . 外国建筑史 . 中国建筑工业出版社， 1979

2. 勒·杜克 (Eugene-Emmanuel Viollet-le-Duc) (1814-1897)，法国巴黎美术学院教授、建筑师、建筑理论家、建筑历史学家、文物保护专家。他的理论对 20 世纪现代建筑的产生和发展有着重大影响。

3. [美] 肯尼思·弗兰姆普敦 . 建构文化研究 . 中国建筑工业出版，2007

4. 梁思成 . 清式营造则例 . 中国营造学社出版社，1934

5. 梁思成中国建筑史 1944 (1954 年修订). 梁思成文集（三）. 中国建筑工业出版社，1985

6. 汪定曾 . 深邃的预见 严谨的治学 . 梁思成先生诞辰八十五周年纪念文集 . 清华大学出版社，1986

7. John K.Fairbank (费正清). 献给梁思成和林徽因 . 梁思成先生诞辰八十五周年纪念文集 . 清华大学出版社，1986

8. 单士元 . 梁先生八十五诞辰纪念 . 梁思成先生诞辰八十五周年纪念文集 . 清华大学出版社，1986

9. 同注释 4

10. [英] 彼得·柯林斯 . 现代建筑设计思想的演变 1750-1950. 英若聪 译 . 中国建筑工业出版社，1987

11. 梁思成 . 拙匠随笔 .1962. 梁思成文集（四）. 中国建筑工业出版社，1986

12. 梁思成 . 为什么研究中国建筑 . 中国营造学社汇刊七卷一期，1945.10

13. 同注释 4

14. 同注释 12

15. 郭黛姮，高亦兰，夏路 . 一代宗师梁思成 . 中国建筑工业出版社，2006

16. 同注释 4

17. 同注释 15

18. 陈植 . 缅怀思成兄 . 梁思成先生诞辰八十五周年纪念文集 . 清华大学出版社，1986

19. 梁思成，陈占祥 . 关于中央人民政府行政中心区位置的建议 1950. 梁思成文集（四）. 中国建筑工业出版社，1986

20. 梁思成 . 扬州鉴真大和尚纪念堂设计方案 1963. 梁思成文集（四）. 中国建筑工业出版社，1986

21. 梁思成自序 . 中国建筑艺术图集 . 中国营造学社汇刊，1935

22. 梁思成 . 中国建筑与中国建筑师 1954. 梁思成文集（四）. 中国建筑工业出版社，1986

23. 同注释 12

24. 布扎体系：巴黎美术学院（Beaux-arts）古典主义建筑教育体系也称布扎体系，讲究形式美与对古典建筑元素的掌握，将设计视为现成形式要素的拼合，强调构图与表现技能的训练。

25. 同注释 12

26. 梁思成 . 致周总理信——关于长安街规划问题 1951. 8. 15. 梁思成文集（四）. 中国建筑工业出版社，1986

2012.03.19

梁思成先生的"检讨"

　　梁思成先生关于建筑创作思想的言论,在解放之后发生了一次重大的变化,这次变化发生在 1951 年。对于梁先生思想变化的具体细节,已无法考证了。

　　为了说明这种变化,我们可以研究一下梁先生的两篇文章。一篇是 1950 年 2 月,他与陈占祥先生合写的《关于中央人民政府行政中心区位置的建议》(以下简称《建议》)。

　　1949 年,新中国定都北京。首都要建设,就必须有建设方针和规划方案。梁思成先生邀请从英国归来的陈占祥先生一起共同来完成这个规划。陈占祥先生是现代城市规划的专家。由梁、陈二人合作,所完成的北京市城市规划总体方案,史称"梁陈方案"。这个《建议》是"梁陈方案"的一个说明性文件。在这个方案里,梁先生与陈先生完全采用了西方当时最先进的城市规划理论,结合北京实际,提出了合理、经济、切实可行的首都城市建设方针。

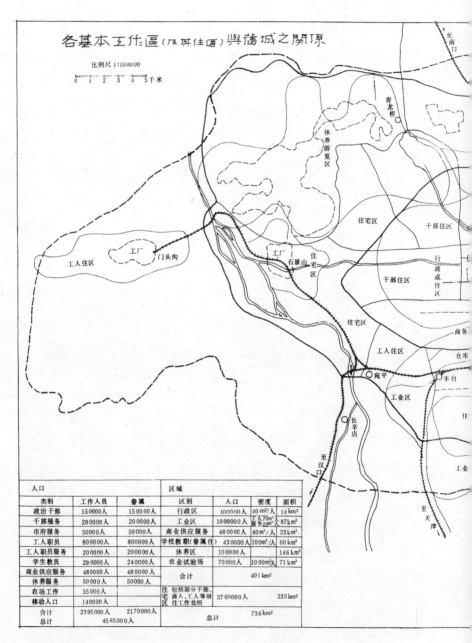

1. 梁陈方案

图片来源：《梁思成文集》，P19

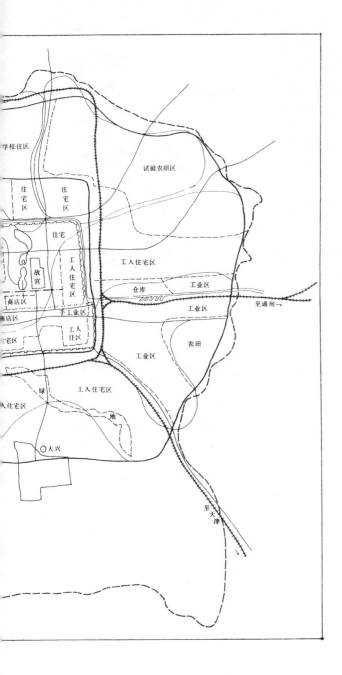

在这个规划中，方案将中央人民政府行政中心放在"月坛"以西、"公主坟"以东地区。在《建议》中，梁先生与陈先生向中央陈述了这个规划的理由。他们明确反对在北京老城区内建设"中央人民政府行政中心"。六十多年过去了，历史已经完全证实：他们指出的关于"在北京旧城区开展大规模建设存在问题的严重性"。

这个《建议》写得十分中肯，共分四大部分陈述：

1. 建设首都行政机关有什么客观条件？

2. 在旧城区内建筑政府中心之困难与缺点。

3. 逃避解决区域面积分配而片面设法建造办公楼，不能解决问题，还加增全市性的问题。

4. 在西郊近域地点建设政府中心是全面解决问题。

据梁先生、陈先生的测算，北京作为首都所需占地面积应为当时北京城面积的 21 倍（现在已远远超过），否则根本无法完成北京作为首都的功能，所以开辟新区是根本无法回避的问题。不出所料，他们在《建议》中所担心的问题，现在全都暴露出来，直到今天也无法解决；包括北京古城的破坏问题、旧城改造问题、城市交通问题等等。

这个方案的前瞻性，六十年过去了，大概无人再会怀疑。但是许多人以为这个方案是不现实的，其理由是：建设一个新城区，一次性投资太大，当时没有钱，似乎改造旧城是当时唯一的出路。

但是我以为，即使在当时，根据经济情况逐步分期实施这个规划，并不是不可能的事。因为近二十年来，全国旧城发展的实践已经证实：要扩大老城市，在新区建设比旧城改造所需投资要少得多。正如《建议》所说，旧城改造需多花下列费用：

1. 为建新楼，对原有建筑的拆除。

2. 为原建筑使用者安排新住处的建设。

3. 原有市政设施的改造。

4. 由于老城区的规划布局不能适应现代生活，无法解决城市交通问题，若要解决只有建造大量地铁才有可能，而地铁建造的费用极高等等。

《建议》说得很清楚，旧城改造的方法是 19 世纪西方城市发展的失败的教训。北京的建设不能走西方的老路。

除此以外，梁先生还有一个十分担心的问题，就是在旧城区怎样进行新建筑的建设问题，他担心新建筑破坏北京古城的城市环境。他说："如果原有城市道路的改造，把大量新时代高楼建在文物中心区域，它必然会改变整个北京街型，破坏其外貌，这同我们保护文物的原则是相抵触的。"不幸的是，梁先生的这种担心，现在已成现实。如果当时能实现《建议》，整个北京古城整体保护下来，其意义之大不是用金钱可以衡量的。

《建议》对于北京市建设中有关建筑设计问题，梁先生在"要有建筑体形上的决定"一节中写道："建筑本身的形体必须是适合于现时代及有发展性的工作需要的布置；必须忠实地依据现代经济的材料和技术；必须能同时利用本土材料，表现民族传统特征及时代精神的创造；不是盲目地模仿古制和外国形式。"而且在《建议》附件的说明二"建筑的形体"中，梁先生又一次重申反对"宫殿式"和"外国式"的"形式主义的建筑"。

朋友们，请注意，从上一段话里我们可以看出：梁先生在 1950 年还在坚持他的建筑创作原则，即"不仿古"、"不崇洋"，并且要求建筑设计适合于"符合现时代及有发展性的工作需要"（即现代功能）和"忠实于材料和技术"。其实这两条就是西方现代主义主张的"功能主义"和"结构理性主义"的思想。

但是到了 1951 年 8 月，梁先生又给周恩来总理写了一封信《关于长安街规划问题》。我们发现情况已经发生了变化。在这篇文章里，梁先生对当时北京旧城里建设的新建筑出现的混乱现象十分不满，又感到束手无策，他开始作自我检讨，把一切责任归罪于自己，希望周总理出面帮助自己解脱困境。其实这种困境，梁先生早在 1950 年的《建议》中早有预见，这就是：新建筑将会破坏古城北京的"体形环境"。

其实新、古建筑之间"体形"上的矛盾，根本不是依靠"建筑设计"就能解决得了的问题，因为这是一个规划问题。换句通俗的话来说，在古建筑附近只要盖新建筑，这种视觉上的矛盾就始终存在；这是因为中国传统建筑，一般只有 1 层，屋顶是曲面的，这与一般新建筑的体形之间，反差太大。但是我们只要在规划上，让新建筑远离古城，这个问题就不会存在了。这也是《建议》中要求建新城，让新建筑远离古城的一个重要的理由。梁先生在这里替错误决策承担了责任。

在这封信中，梁先生除去对旧城改造工作，作了上述的自我批评外；还对自己几十年来的学术思想作了一个深刻的"检讨"。现摘录如下：

"最严重的是近十余年来世界主义的反传统建筑理论十分普遍，但所谓'功用主义'、'忠实于材料''唯物'的论说（机械唯物论），其实是追求个人自由主义的，唯心的'创造'，'现代式杰作'的思想（我自己就该作自我检讨，过去虽然研究且熟识中国建筑历史和传统手法，而在实际设计建筑物时，却受了世界主义的影响，曾做过不顾环境、违反环境的'现代式'建筑，误以为那是国际主义的趋向。到解放后我才认识到国际主义同爱国主义相结合，痛悔过去误信了割断历史的建筑理论。而一般的建筑师还没有把爱国主义结合到自己业务方面，对中国优良传统十分怀疑和蔑视，且多歪曲事实说房架不经济来吓人，不肯严肃地去了解、分析与学习，反而没有立场地追随欧美各流派和单凭个人兴趣和好恶。）……"

从以上几段梁先生的文字中，我们起码可以得出以下结论：

1. 从 1950 年 2 月~1951 年 8 月梁先生关于建筑创作思想的言论发生了大变化。

2. 在 1950 年 2 月之前，梁先生是同意中国建筑是要走现代主义创作道路的。他的名著《清式营造则例》的绪论所表达的历史观是西方结构理性主义的。他在《为什么要研究中国建筑》一文中明确了中国建筑要走"国际式"的道路。1950 年 2 月梁先生在《建议》中，又重申建筑形体追随功能和忠实于材料和技术的西方建筑设计思想。

3. 在 1951 年 8 月之后，梁先生"痛悔过去误信了割断历史的建筑理论"（现代建筑的理论）。他要放弃过去的信仰。

4. 在 1951 年 8 月之后，梁先生把建筑设计问题当成了一个"爱国主义"的问题。

从梁先生的"检讨"至今又过了整整 60 年。无论是世界建筑史，还是中国改革开放后城市面貌发生的巨变，都证明了现代建筑的创作道路并不是西方所特有的"专利"，它是一种客观的规律，它是人类社会的共同财富。建筑创作应该追随功能和技术的进步，这是科学研究的结论。如果梁先生上天有灵，看见了当今的世界，不知又当如何感慨？

从上述梁先生的"检讨"的字里行间中，我们隐约看见了这位先哲内心的痛苦，因为任何一位学者，要否定自己几十年的学术信仰，都是不能忍受的。那么究竟是什么力量使他发生这种变化呢？

要回答这个问题，我们只有到当时的社会背景中去寻找答案。1950年 2 月，中国与苏联签订了《中苏友好同盟互助条约》，1950 年 10 月抗美援朝战争爆发。这两件大事不仅对当时的中国政治，而且对中国的思想文化界影响极为深刻。当时所有的留美归国的学者，都需要在政治上与美帝国主义划清界限。政治上的"一边倒"造成学术上的"一边倒"。我记得在中学学习时，英语不学了，要学俄语。物理和化学中的科学家都是俄国的，包括蒸汽机也变成了俄国人的发明。

那时候的建筑界也是"一边倒"，上级给清华大学建筑系派来了苏联专家。那是斯大林时代，当时的苏联建筑界正在搞"民族形式"，所以苏联专家也要中国人搞"民族形式"。听我的老师们介绍，当时学生作业，如果设计的建筑是平屋顶，苏联专家一定要在上面加上一个大屋顶。据说有同学做了现代主义的立面，结果受到了苏联专家的批评，不仅如此，还要该同学在全班作检查。检查什么呢？检查自己的"资产阶级设计思想"。这还不算，反右斗争中，他还被划成了右派，因为这个设计说明：他的思想一贯是资产阶级的。

当建筑设计思想被划分为"无产阶级"和"资产阶级"之后，当然建筑也有"爱国主义"与"卖国主义"的了。这大概就是梁先生在"检讨"中，提到"爱国主义"的原因了。当梁先生已经把建筑设计提高到"是否'爱国'这样的政治问题"上的时候，我们已经可以看见，当时梁先生思想负担已经多么沉重。

在这样的政治环境下，梁先生一定是感到了压力，因为他十分清楚：他的学术思想与苏联专家的学术思想是相对立的；所以他才会在给周总理的一封普通工作信函中，对自己进行批评，否定自己。我想，他一定希望能得到他十分信任的周总理的帮助。

在这次"检讨"中，梁先生对过去的建筑学术思想作了一个批判。我们从中可以清楚地看见：在1951年以前，梁先生是一位公开的现代主义者，但自"检讨"以后，梁先生再也不敢谈西方的建筑理论了。因为与苏联专家对立，就是反苏，"反苏即反共"。如果宣传欧美的建筑理论，那么"亲美即卖国"。

对于这个现象，年轻人也许不能理解，但是凡经历过当年政治运动的人都是可以理解的，而且大家都会对梁先生抱有同情之心。与梁先生相同，当时许多从国外回来的学者都曾作过这样的"检讨"，比如潘光旦先生等等。再举一个例子：郭沫若先生在"文化大革命"中，曾经公开宣布，他一辈子所写的文章全是一堆废纸，毫无意义。这是一种多么可怕的现象啊！

所以我以为，梁思成先生在特殊历史条件下说的一些话，是不能作数的。从旧社会过来的知识分子，在以"革命"为名义的压力之下，谁又没有说过这样的话呢？

但是今天，如果抓住梁先生在"检讨"中说的话，作为梁先生的思想，大搞复古，我以为就是违背了梁先生的心愿；因为歪曲梁先生的建筑理想，就是歪曲梁先生的建筑历史观，否认他 1951 年以前的所有学术研究成果。这是不能容忍的。

2012.01.22

建筑民族固有形式
—— 中国建筑师的纠结

话题的引起

2011 年底，我读了一篇研究生的论文，谈的是西安市政府正在推出的"唐皇城复兴计划"。关于这个计划，我从在西安工作的朋友那里得到了证实。这件事让我颇为吃惊：居然会有那么多人相信这个计划，而且正在努力实施之中。因为只要稍有理智的人一定知道，这只能是一场儿戏，"做秀"而已，正常人不必去理会它。但不料有人却把这个儿戏当了真，那位研究生就是一个当真的人。

在这篇论文里，作者谈到了这个计划的详情，还收集了不少已建成的所谓"唐风建筑"的玉照。不看则已，一看则是哭笑不得，因为已建的所谓"唐风建筑"中，既有"清风"又有"西洋风"、"现代风"、唯独不见真正的"唐风"。

恕我这个不明事理的倔犟老头儿，说句不中听的话：你如果想看看唐朝的建筑，那么你最好是去山西五台山，那里有佛光寺和南禅寺两处佛殿，在西安可以去看看香积寺塔、小雁塔、玄奘塔。要么你就东渡日本，在那里保存得更为完美。

这位研究生十分认真，他在西安某设计院工作，为了设计"唐风建筑"十分苦恼，因为形式和功能、技术之间存在着不可调和的矛盾。他在论文中提出了这个问题，他称这个现象叫做"唐风建筑创作中出现的'瓶颈'。"依我看，这不是"瓶颈"，而是"陷阱"！

建筑师一旦落入此"陷阱"，将不可自拔。几十年来，不知多少中国建筑师，企图用传统建筑的固有形式去满足现代生活，少有成功者，因为"固有形式"的适应性极差，局限性极强。失败的原因，不是因为建筑师水平不高，而是因为这是一个从理论到实践上都行不通的事。不仅中国建筑师无此本领，全世界建筑师都无此本领。欧洲历史上曾创造了那么多建筑形制，欧洲人不都高高兴兴地随着历史割爱了吗？这叫"一个时代，一种建筑。"这就像中国男人，今天不再留辫子，不再穿长袍马褂一样。形式哪有永恒的？

据研究生论文透露，这次西安推行"唐皇城复兴计划"还有个理论，说这是复兴中国的建筑文化，是中国建筑的"文艺复兴"。这又是奇谈怪论！

下面我想就上述问题，谈谈看法。

民族的"传统建筑"、"民族形式"建筑以及具有"民族特色"的建筑

为了便于讨论问题，我们首先必须分清两类不同性质的建筑：一类是"传统建筑"，另一类是"民族形式"的建筑。

所谓"传统建筑"，在本文中的含义是：用传统材料、传统的营造方法，

建造的传统建筑类型的建筑。例如：故宫、颐和园、北京四合院、苏州园林、各地的民居、庙宇、祠堂等等建筑。它们绝大多数建于 20 世纪以前。如果我们今天仍然采用传统材料、传统的营造方法，虽然所建造的是新建筑，我们仍然可以称其为"传统建筑"。在今天的中国，落后的山区，仍然可以见到这样的新建筑。

所谓"民族形式"的建筑，在本文中指的是，与上述"传统建筑"不同的另一类建筑。19 世纪末以来，随着西洋风格的建筑在中国的建造，由于西洋建筑与中国传统建筑在空间组织、体积形态、外观形式上的差异，中国建筑"民族形式"的概念被提出。由于历史、文化、政治等种种原因，人们虽然采用了西方的新材料（钢铁、钢筋混凝土、玻璃等）和新的结构方式去建造新建筑，但在新建筑的形式上，某些人仍在努力模仿"传统建筑"的外观，这类建筑可以称作是"民族形式"的建筑。例如采用宫殿式大屋顶的新建筑就是这类建筑的典型。

至于具有"民族特色"的建筑，这是一个极为宽泛的概念，各人有不同的理解，各地区、各种不同类型的建筑也会有自己的做法和式样。在本文中，这个术语指的是，那些符合国情的、"本土化"了的新建筑。这类建筑在建筑形式、建筑风格上，并无一定之规。

第一次中国建筑"民族形式"的出现，是美国人的创造

不明真相的中国人看了这个标题可能会大吃一惊，因为大家以为"大屋顶的中国新建筑"是中国建筑师的创造，是爱国主义的表现。现在我告诉你，史实不是这样。中国"宫殿式大屋顶"新建筑是美国建筑师的发明，是 20 世纪初美国政府对华政策的产物。

19 世纪的中国历史是中华民族遭受奇耻大辱的历史，西方列强用

坚船利炮打开国门，企图瓜分、蚕食中国。满清政府赔款割地，签订了许多丧权辱国的不平等条约。1900 年（庚子年）八国联军进京，次年清政府被迫签订"辛丑条约"，赔款求和。条约规定清政府赔款四万万五千万两白银（合每个中国人一两）。大约因为银子来得太容易，实在有点不好意思，于是 1907 年美国政府决定放弃"庚子赔款"，把赔款"退还给"中国，这笔钱由美国人来管理，在中国办教育，选拔中国的精英到美国去留学，培养中国亲美知识分子。美国政府要用"美国文化"来改造中国人。1911 年开办"清华大学"，就是这项大计划中的一只棋子，当时的"清华"是一个专门向美国输送留学生的"留美预备学校"。美国这项对华政策确实得到了丰厚的回报。民国政府的确成了一个"亲美"政权。政要权贵中留美人士最多，科技文化界的精英也大多是靠"美庚款"出国深造的。美国在中国人心目中的形象一直不是太坏，直到今天中国人改革开放，许多方面仍是以美国为蓝本，我以为这是有历史原因的。

美国政府要用文化来改造中国人，就在中国办学校。办学校从来就是基督教教会的传统，我读的中学南京"金陵中学"（1888 年始建）起初就是一所美国人办的教会学校。美国人要让中国人从小就受到美国文化的教育。民国政府在南京定都，南京成了美国教会学校的首选地之一。金陵大学（1910 年始建）、金陵女子大学（1914 年始建）就是这样的学校。这些学校开办之际，从校园规划到建筑设计一律由美国建筑师来承担。中国的宫殿式大屋顶的建筑由此而诞生。

金陵大学校园由美国著名的芝加哥帕金斯建筑师事务所（Perkins, Fellows & Hamilton Architects, Chicago , USA）规划和设计，金陵女子大学校园由美国建筑师墨菲（Henry Killam Murphy）[1]规划设计。

这两家设计事务所不约而同地在这两所大学建筑中,创造性地建造了"中国式大屋顶"的新建筑,墨菲在北京"燕京大学"也设计了类似的建筑。这件事充分说明,"中国式大屋顶"的新建筑反映的是教会的思想。对于这类建筑,墨菲定义为"中国古典建筑复兴"。教会认为:"外国人首次成功将现代功能融入到中国建筑中"。[2] 教会之所以要建筑师将中国的宫殿式大屋顶放在西式楼房上,其目的是为了向中国民众表示友好,扩大美国在中国民众中的影响力。

墨菲的弟子、中国留美归国建筑师吕彦直[3]先生,在南京中山陵规划设计国际竞赛中获头奖,建成的中山陵继承了墨菲的创作手法。从此以后大屋顶的建筑被民国政府圈定为"中国固有形式"。[4] 中国的"民族形式"新建筑就此诞生。

民国政府把"宫殿式大屋顶"圈定为"中国固有形式",显然出于政治的考虑。中华民族积弱多年,振兴中华是民众的渴望。20世纪20年代中国各通商大埠充斥着"西式楼房","豪富商贾及中产之家无不深爱新异,以中国原有建筑为陈腐。"[5] 在此情形之下,中国独有的大屋顶重新在新的政府公共性建筑中呈现,政府借机大做文章,为凝聚涣散的民心,提升政府形象,不失为一种聪明的办法。

围绕中国建筑"民族固有形式"的不同看法和中国建筑师的努力

但是政治是政治,艺术是艺术。没有想到的是:当外国人设计的大屋顶面世之后,是外行叫好、内行叫"糟"。

对这类建筑提出批评意见的,是中国传统建筑的权威梁思成先生。他认为这些外国建筑师所建大屋顶不合中国工匠的规矩。1935年,梁先生说:"前20年左右,中国文化曾在西方出健旺的风头,于是在中国的外国建筑师，也随了那时髦的潮流，将中国建筑固有的许多样式，加到他们新盖的房子上去。其中尤以教会建筑多取此式，如北平协和医院、燕京大学、济南齐鲁大学、南京金陵大学、四川华西大学等。这多处的中国式新建筑，虽然对于中国建筑趣味精神浓淡不同，设计的优劣不等，但它们的通病则全在对于中国建筑权衡结构缺乏基本的认识的一点上。它们均注意外形的模仿，而不顾中外结构之异同处，所采用的四角翘起的中国式屋顶，勉强生硬地加在一个洋楼上；其上下结构划然不同旨趣，除却琉璃瓦本身显然代表中国艺术特征外，其他可以说仍为西洋建筑。"[6] 对于中山陵工程，他也有批评，认为它所代表的"民族形式"是不成熟的。[7]

1931、1932 年，梁思成、刘敦桢[8]等人参加了"中国营造学社"，开展对中国传统建筑的文献资料整理，以及对古建遗存的测绘和考古工作。他们成绩卓著，为中国建筑师创造"大屋顶"的中国新建筑提供了详尽的参考资料，可供中国建筑师在创造"民族形式"建筑时所利用。从此中国建筑师所设计的此类建筑的艺术水平，大大超过了外国人。

20 世纪 30 年代，民国政府欲在南京建"国立中央博物院"（现南京博物院），该工程由徐敬直[9]、李惠伯先生主持，梁思成先生是顾问。其大堂是七开间的"庑殿式"大屋顶的传统建筑，形制选择以辽代、宋代建筑为蓝本。该建筑因抗日战争而停工，胜利后复建，这是采用钢筋混凝土技术仿建中国木构的尝试。该建筑之水平可以说达到了同类仿古建筑的顶峰。但此建筑完全不同于其他的所谓"民族形式"的新建筑，这栋建筑整个是古建筑的仿建，而不是新建筑的"民族形式"的创造。

在民国时期，设计大屋顶"民族形式"新建筑最多的，是关颂声先生创办的"基泰工程司"。如前文所述，创建"民族形式"新建筑是政府的需要，所以当时政府重要工程，不少采用这样的形式。而关颂声 [10] 留美时与宋子文关系甚好，所以这类工程交"基泰"最多。杨廷宝 [11] 先生留美归国后就在关手下工作，故在中国老一代建筑师中，杨先生设计的这类建筑也最多。1932 年，他曾受聘于北平市文物整理委员会，参加了北京九处古建筑的修缮工程，实地测绘、向工匠请教，这对于他从事"民族形式"新建筑的创造性工作，有着重要的意义。[12]

解放前，杨廷宝先生设计的这类建筑有：南京中央研究院地质研究所（1931）、南京中英庚款办公楼（1934）、南京原国民党中央党史史料陈列馆及中央监察委员会办公楼（1934）、南京金陵大学图书馆（1936）、南京中央研究院历史语言研究所（1936）、成都四川大学图书馆（1938）、四川大学理化楼（1938）、南京中央研究院社会科学研究所（1947）等。[13] 上述这类建筑工程不是政府的，就是教会的。这正应了前文所说：中国建筑的"民族形式"是中国官场和美国对华政策的产物，并非一定是中国建筑师自觉的追求。

如果你不相信，那么请你了解一下杨廷宝先生同时期的其他建筑设计，你会发现，杨先生设计的建筑什么风格都有，因为杨先生是位开业建筑师，而且杨先生也是与时俱进的。例如：杨先生所作南京新生俱乐部（1947）、南京延晖馆（1948）等建筑，就不折不扣的是现代主义的设计。而在 20 世纪 20 年代末、30 年代初，他设计的清华大学建筑全是当时流行于美国校园建筑式样，[14] 所以，我以为杨先生做设计，往往是在做"命题作文"。杨廷宝先生建筑设计功力深厚，所以无论是古今中外，都能信手拈来，杨廷宝先生的中国大屋顶建筑的设计达到了最高水平。

但是这类建筑造价极高，除去政府和教会，一般业主都无法承受，不能推广，因而也不能成为建筑发展的方向。1931 年，国民政府要修建外交部大楼，杨先生又做了大屋顶的方案，因资金不够，只能放弃 [15]；最终采用了由赵深 [16]、童寯 [17]、陈植 [18] 创办的"华盖事务所"的方案，取消了大屋顶。

20 世纪 30 年代起，由欧洲发起的现代建筑革命已取得骄人的成绩。我国这些老一代的建筑师纷纷紧跟世界潮流，现代主义建筑在中国已经出现。梁思成先生是学者，一生设计实用性建筑不算多，旧沙滩北京大学女生宿舍（1935）是其中的一个。这栋宿舍就是一个现代主义的设计，实用而经济。北京王府井大街仁立地毯公司铺面（1932）也是一个现代的设计，虽然用了几件中国构件，但仅作为装饰品。

1940 年代的梁思成，因研究中国古代建筑史的卓越成就，已成为世界著名的建筑学家。美国普林斯顿大学请他赴美讲学，他还作为中国政府的代表，前往纽约，与柯布西耶等世界现代建筑巨匠，共同讨论"联合国大厦"的方案设计。这些广泛的国际学术交流，进一步打开了中国第一代留洋归国建筑学者的眼界。而他们都有着强烈的社会责任感和爱国之心，他们自觉地要把西方建筑进步的真实告诉国民，所以 1945 年梁先生著文写道："因为最近建筑工程的进步，在最清醒的建筑理论立场来看，'宫殿式'的结构已不合于近代科学及艺术的理想。'宫殿式'的产生是由于欣赏中国建筑的外貌。建筑师想保留壮丽的琉璃屋瓦，更以新材料及技术将中国大殿轮廓约略模仿出来。在形式上它模仿清式官衙，在结构平面上它又模仿西洋古典派的普通组织。在细项上窗子的比例多属于西洋系统，大门栏杆又多模仿国粹。它是东西制度的勉强凑合，这两制度又大都属于过去的时代。它最像欧美所曾流行的'仿古建筑'（19 世纪复兴主义的建筑）。因为靡费侈大，它不常适合于中国一般的经济情形，所以不能普遍。"[19]

对于中国建筑的发展方向，他说："世界建筑工程对于钢铁及化学材料之结构越有彻底的了解，近来应用越趋简捷。形式为部署逻辑，部署又为实际问题最美最善的答案，已为建筑艺术的抽象理想。我们不能与此理想背道而驰。"[20]

梁先生是在 1945 年说这两段话的，那时抗日战争刚刚胜利，民族复兴思想如火如荼。梁先生的话为战后重建指明了建筑发展的方向，实际上已经宣判了"大屋顶"为"民族形式"建筑基本标志的死刑。

解放后，被扼杀了的现代建筑苗头和苏联专家在中国掀起的又一次"民族形式"大屋顶之风潮

解放之初，国家百废待兴。1951 年，杨廷宝先生曾在北京金鱼胡同设计了一个小型旅馆，1953 年该工程已施工至四层，正值"亚洲及太平洋区域会议"拟在北京召开。因当时北京现有旅馆太少，不敷使用，于是国务院决定将此旅馆改作"和平会议"之用，并命名为"和平宾馆"。杨先生为了满足会议需要，仅对部分客房略加修改，工程于当年竣工。[21]

"和平宾馆"的设计，结合地段巧妙地解决了宾馆的复杂功能、交通流线等问题，手法简捷、功能紧凑，立面干净利落，不失为一个不错的现代建筑设计。杨先生为国家节约了大量的资金。不料此设计竟然招到苏联专家的批判，只因为这个设计没有采用"民族的形式"。

众所周知，20 世纪 50 年代，中国与苏联签订了"中苏友好同盟互助条约"。苏联派了大批专家到中国来援助建设，建筑界也不例外。当时是斯大林时代，他们的文艺方针是"社会主义内容、民族形式"，所以在当时的苏联建筑界，他们提倡走"民族主义"的道路，批判"世界

主义"。当时这场批判影响很大，上纲很高。所谓苏联的民族形式，就是莫斯科大学主楼那样的带有尖塔的建筑。这类设计，首先是形式，然后是功能。当时的莫斯科建了八幢这样的建筑，里面完全是不同性质的使用功能。这种设计思想仍然停留在现代建筑革命之前，与西方现代的"形式追随功能"完全背道而驰。

苏联专家在中国，是最受政府信任的。他们的"建筑观"成了中国官方的"建筑观"。现代主义（当时称为世界主义）的建筑理论被批判，梁思成先生被迫作了检讨[22]。中国建筑创作从此走上了"民族主义"道路，新中国开国以来的第一批大屋顶建筑就此诞生。有些欧美留学归来的现代派建筑师，对此有不同看法，进行了尖锐的批评，因而被打成右派。西方的、先进的现代主义建筑道路从此与中国失之交臂。

梁思成先生他们的困境："左也不是，右也不是。"

梁思成先生是非常拥护中国共产党领导的新中国的，他盼望着积弱积贫的中华民族能以此为契机，取得中国建筑业之大发展，创造具有中国民族特色的现代建筑造福于民。解放之初也是梁先生热情最为奔放、充满活力的时期。他无比地信任中央政府和周恩来总理，在北京的古城保护、首都的规划布局等建设问题上多次提笔上书、直抒己见。仅 1950、1951 年，他直接写给中央的信函就有："关于中央人民政府行政中心区位置的建议"（1950.2）、"致朱总司令信——关于中南海新建宿舍问题"（1950.4.5）、"致周总理信——关于长安街规划问题"（1951.8.15）、"致周总理信——关于建设工作中的计划性问题"（1951.8.28）、"致彭真市长信——关于人民英雄纪念碑设计问题"（1951.8.29）等。[23] 这个时期也是他设计工作的大丰收的季节，中华人

民共和国的"国徽"和"人民英雄纪念碑"的设计，都是梁先生及其夫
人林徽因先生，一生对中国建筑研究结出的丰硕成果。

但是梁先生的上书并未得到中央重视，北京古城破坏就此开始。在
建筑创作问题上，梁先生像许多中国学者、文人一样，是十分重视政府
的意见的，至于他的内心究竟怎么想，现已无从考证。当时，大约是在
苏联专家的"民族主义"的压力下，清华大学建筑系的办学方向发生了
180°的大调向。据陈志华先生介绍：解放之前至解放之初，建筑系馆楼
梯口陈列的展览，全是展示现代主义最新建筑的；"建筑初步"的教学
也以"功能为主"。1948年梁先生把吴良镛先生送到美国现代主义大师
小沙里宁门下就读；这些事实都从一个侧面反映了梁先生真实的建筑理
想。

在苏联专家和政府的意志下，解放初，全国开始建设了一批大屋顶
"民族形式"建筑。1952年北京"四部一会"[24]大楼、景山北面的一
对住宅大楼等建筑开始建设，这些建筑采用"民族形式"的大屋顶。但
是这类建筑实在太贵，新中国不堪重负。1952年党开展了反贪污、反浪费、
反对官僚主义的"三反"运动。梁思成先生莫明其妙地成了"大屋顶民
族形式"的代表。

我那时虽然年龄还很小，但对此事却印象深刻，可见当时对梁先生
的批判又有多么猛烈。大约是在1952年，我到南京工学院（现东南大学）
大礼堂，去看学生们的文艺表演。建筑系学生演出了一出"活报剧"，
使我六十年不能忘怀。舞台上三个学生，举着一块画板，画板上画的是
一个琉璃瓦大屋顶的厕所，他们一面跳、一面唱："……我呀我，我是
一个伟大的建筑家。人民有钱，我呀我，我呀我，我呀嘛，我会花呀
啊……"。这位扮演建筑师的学生，得意洋洋，活像个小丑。大人们告

诉我，这是在批判梁思成的大屋顶。这也是我对梁先生的第一次了解。

现在我年近七十，学习建筑也已逾五十年，经历的事也多了。我设身处地替梁先生他们那一代建筑学者想一想，如果我遇见当时的情况，该怎么办？

提倡现代建筑吧，被批判说"崇洋媚外"，是"西方资产阶级的设计思想"；搞民族形式大屋顶吧，明知不合现代化的潮流，又明知造价太高，但又偏要你搞。听了你的话，照你的意思去做，做了民族形式的建筑又被批判，反说你太浪费，真是"左也不是，右也不是"。如何才"是"，"不得而知"！

中国建筑师几十年来，不得不纠结在"现代化"和"民族形式"之间。

以世界建筑史的眼光来看，中国建筑"民族形式"之风是什么建筑设计思潮？

关于这个问题，梁思成先生和美国建筑师墨菲先生已经说得十分清楚。墨菲将这类建筑定义为"中国古典建筑复兴"（Adaptive Chinese Architecture Renaissance），这指的就是欧洲 19 世纪的"复兴主义建筑"（Renaissance Architecture）。梁先生说这类建筑"最像欧美所曾流行的'仿古建筑'"。这里的"仿古建筑"当然也指的是：在欧洲 19 世纪"复兴主义"时期所建的大量的"仿哥特"、"仿希腊"、"仿罗马"的建筑。

世界史早已宣告"复兴主义"的死亡，而且已经死了一百多年。但是到了今天，中国政府的某些官员，还有一些建筑师却偏偏要搞。真是只有呜呼哀哉、呜呼哀哉了！

"复兴主义"不是"文艺复兴"

近来，某些人又在大搞"民族形式"的建筑。西安市的"唐皇城复兴计划"的鼓吹者，打着欧洲"文艺复兴"的旗帜，对此我们不能不作回应。下面就欧洲建筑史曾经出现过的两次"复兴"现象，我作一个简要的介绍，以正视听：

欧洲第一次古代建筑"复兴"发生在15~16世纪，这就是著名的"文艺复兴"运动，这是新兴资产阶级与中世纪封建制度在宗教、政治、思想文化各个领域的一场斗争。在文艺复兴运动中，为了挑战封建的宗教神权，新兴的资产阶级知识分子到古希腊和古罗马去寻找思想文化的权威和武器。通过考古，被神权禁锢了上千年之久的古希腊、古罗马文化终于重见天日。当时的欧洲知识分子和工匠们如醉如痴地搜求、学习和研究古典建筑。欧洲人在对古希腊和古罗马遗址考古和文献资料研究的基础上，重新采用希腊人和罗马人的建造方法来建造古典建筑，并创造了一大批名垂史册的优秀建筑，从而实现了建筑的文艺复兴运动。这个运动是解放人性、反对中世纪黑暗统治的一场斗争。史学界高度评价这次的古典建筑复兴。[25]

欧洲第二次古建筑"复兴"发生在19世纪。19世纪是欧洲建筑发展的又一个重要的历史时期，这时新建筑材料钢铁、玻璃、钢筋混凝土已经诞生。这些材料首先在铁路、码头、桥梁、工厂的建设中被使用，取得了巨大的成功。1851年伦敦世博会展馆"水晶宫"的建成，开辟了建筑发展的新时代。

但是由于受到人们传统建筑审美习惯的抵制，当时大多数建筑仍采用传统的各种古代建筑的式样（包括希腊、罗马、拜占庭和哥特建筑等），特别是在政府建筑、文化教育、展览馆、博物馆、火车站、法院、商场等公共建筑中，更加如此。这类建筑虽然采用了新的结构和材料，但立面形式仍模仿古代和中世纪，被称作是"复兴主义"建筑。这种做法造成了建造中的重重矛盾，新结构材料的力学性能不能充分发挥，因此带来了造价高、不经济的社会效果。而且传统建筑形式对应着的是传统的建筑平面和传统的室内空间，由于建筑形式被固化，建筑的功能也不能发展，这些都大大制约了建筑的进步。史学界对这类建筑持坚决的否定态度。

为了说得更为清楚，下面我再小结一下这两次"复兴"在建筑学本质上的不同点：

1. "文艺复兴"所复兴的"希腊"、"罗马"建筑和中世纪的"哥特"建筑都是人类优秀的建筑文化传统。

2. "文艺复兴"使消失了上千年的希腊、罗马的建筑文明重见天日，使人性复归，用古典文明去战胜封建的神权统治，让人们重回世俗生活。"古典建筑复兴"极大地丰富了人类的建筑文化，对社会进步的影响直至 20 世纪。从此以后欧洲建筑学术界出现了两个学派。一个崇尚古典建筑，被称作是"古典主义学派"；一个崇尚哥特建筑，被称作是"哥特学派"。两个学派的出现对欧洲建筑的进一步发展有重要的历史意义和学术价值。

3. 从技术进步的层面来看，哥特建筑是个大跃进，但"文艺复兴"重新拯救了被历史湮没的古代建造技术。虽然一千多年过去了，但是在"文艺复兴"那个时代，希腊和罗马的建造技术不仅没有过时，而且可以与哥特技术交相辉映，丰富了传统的人类石构技术，也同时丰富了人类石构建筑的艺术表达方式。

4. 19 世纪的"复兴主义"建筑是用 19 世纪的新技术，去"仿建"

古代建筑的"样式"，这种所谓"复兴"，不仅丧失了建筑艺术性，而且阻碍了建筑技术和建筑艺术的进步，阻碍了生产力的发展，带来社会和经济问题。"复兴主义"不代表那个时代已经出现的新建筑的方向。

5. 从历史发展的角度来看，我们可以把19世纪"复兴主义"建筑看作是"历史过渡期"的建筑形态（从传统建筑向现代建筑的过渡期）。这是因为在19世纪仿古建筑中采用的新结构和新建筑技术，在20世纪被继承下来并发扬光大，而仿古建筑的表现形式（古代建筑式样）却被彻底地否定了，好像"金蝉脱壳"一样；新的材料终于在这个蜕变中找到了它自身合理的表达形式，形式又重新真实地反映了材料的本性。新建筑又找到了古代建筑的精神。建筑发展进入了新时代。

这个新时代至今已有百年历史，新时代的建筑与时俱进。西安的"唐皇城复兴计划"却是要拉历史的倒车，还要把复古鼓吹为"文艺复兴"，真是连"欺世盗名"都弄错了！

"继承和保护传统建筑文化"不是新建筑"复古"

凡在新建筑中设计"复古"样式的人，都打着"继承和保护传统建筑文化"的幌子。但是我要说："继承和保护传统建筑文化"不是新建筑"复古"。

现在出国旅游的人多了，凡是到过欧美或者日本等发达国家者，无论是在城市还是乡村，都可以看见由历代建筑反映出来的历史沧桑感，令人震撼；那是因为他们每个时代都在创造那个时代的最新建筑，而把过去有价值的建筑，都"原汁原味"地保存下来，绝不擅自改变。几千年的历史沉淀使他们的文化得以继承。

但是现在许多人却在反其道而行之。他们对现在尚存的传统建筑、传统城镇、传统村落，不能认识其历史和文化的价值，肆意破坏。他们对传统建筑视为"陈腐"，对其被毁，从不心疼。而与此同时，还有人却对在新建筑中，如何"复古"非常热心。

近日新闻报道，梁思成、林徽因先生在北京的故居，又因投资商的开发而被拆毁，在社会舆论的压力下，投资商诡辩称："这是保护性拆除，然后重建"。真是妄图瞒天过海，天下哪有这样的保护？

不论哪个国家，历史建筑的"拆除"或"重建"，都不是投资商能拿主意、能插手的事。但他们却"干了"，这是什么原因？这真是值得思考的事！

而与此同时，还有人正在鼓吹要用新技术，去仿建古代建筑的样式。这个现象的可笑，就像在文物古玩界，有人要提倡"新仿"。

世上本无事，庸人自扰之

所谓中国建筑"民族形式"的创造，已走过了百年的历史。在近百年与现代建筑的"博弈"中，我们看见的是"民族形式"的节节败退和屡败屡战，这已经成了中国建筑设计思想史中最为重要的篇章。

其实我以为，当今创造新建筑的"民族形式"本身，就是一个"伪问题"，它与建筑进步抗衡。它是"民族主义"的产物，它适应的是某些人恋旧的情结。作为建筑师，我们应有自己的立场，根本没有必要为此而纠结，这种纠结是自寻烦恼。

朋友，请你研究一下日本近现代建筑史吧！看看日本人是怎样使现代建筑"本土化"的，看看他们是怎样抛弃"大屋顶"的？我相信你一定会得到启发。

有人说："日本人学西方是全盘西化"。但是依我看来，日本并没有"全盘西化"。日本的个性今天仍然那么鲜明,日本建筑仍然具有不同于欧洲建筑的"个性",这是因为日本建筑真正的"本土化"了。只要日本人与欧洲人的"生活方式、自然条件、社会结构、经济发展、文化观念"不相同,日本建筑就不会与欧洲的完全相同,这是一个简单的道理。西方建筑在日本本土化的过程,就是创造具有"日本民族特色"建筑的过程。

最后,我想引用童寯先生在《日本近现代建筑》一书的"前言"中的一段话,作为结束语,因为童老的话对我们思考如何使建筑现代化,十分有启发。他说:"今天,日本建筑西化的彻底,已达到和欧美毫无二致的地步,这就引起某种疑虑。前川国男在《文明与建筑》论述中,指出日本对产生现代建筑的西方背景茫无所知,他这意见可能引起学院派正统观念的共鸣。但是今天的时代,早已不是百年前明治开始的时代。前川仅仅从文化角度出发,而不可忽视的倒是,只要一个国家能取得科技成就并掌握经济实力,就可以避开文化的漫长复杂道路而直攀建筑顶峰。"[26]

我相信童老的话是正确的,我们不应被传统的文化所纠缠,放慢建筑现代化的进程,我们要有信心,相信中华民族在现代化中,什么都不会失去。对于那些害怕在现代化中失去传统的人,我只能说:"世上本无事,庸人自扰之。"

注释

1. 亨利·墨菲（Henry Killam Murphy, 1877-1954），又译茂飞，美国建筑设计师，他曾在 20 世纪上半叶在中国设计了多所教会大学的校园：长沙雅礼大学、清华大学、福建协和大学、南京金陵女子大学、北京燕京大学和上海复旦大学等多所重要大学的校园，并主持了首都南京的城市规划，是当时中国建筑古典复兴思潮的代表性人物。

由于这些基督教差会都希望减小中西文化差异给传教带来的阻力，因此倾向于在建筑方面表现出基督教对中国文化的适应性。所有这些校园虽然分布在南北不同地域，却全部都采用了中国古典建筑的风格。这与同一时期中国国立大学普遍采用西式建筑风格形成了有趣的对比。

2. 冷天 . 得失之间——从陈明记营造厂看中国近代建筑工业体系之发展 . 世界建筑，2009.11

3. 吕彦直：（1894-1929），中国近代建筑师，1913 年毕业于清华学校后，进美国康奈尔大学攻读建筑学。毕业后回国工作，曾参加南京金陵女子大学和北京燕京大学校舍的设计，首次提出采用现代钢筋混凝土结构建造中国民族形式的建筑。他曾与人合作在上海开设东南建筑公司，设计了上海银行公会等建筑。后又与他人合作开设真裕公司，1921 年改为彦记建筑事务所。

吕彦直在南京中山陵设计竞赛中获得第一名，后又在广州中山纪念堂和中山纪念碑设计中获第一名，享有盛誉。南京中山陵和广州中山纪念堂都是中国近代建筑中的杰作。

（林克明）

中国大百科全书 建筑园林城市规划

4. 同注释 2

5. 梁思成 . 为什么研究中国建筑 . 中国营造学社汇刊，七卷一期，1945.10

6. 梁思成 . 自序、中国建筑艺术图集 . 中国营造学社汇刊，1935

7. 梁思成 . 中国建筑与中国建筑师 1954. 梁思成文集 . 中国建筑工业出版社，1986

8. 刘敦桢（1897-1968），中国现代建筑学家、建筑史学家、建筑教育家。1913 年留学日本，1921 年毕业于东京高等工业学校建筑科，1922 年回国后，在上海华海建筑师事务所工作。1925 年任教于苏州工业专科学校建筑科。1927 年，该校和东南大学等合并成为国立第四中央大学，1928 年改成国立中央大学，柳士英、刘敦桢、刘福泰等在中央大学创立中国最早的建筑系。他是中国建筑教育的开拓者之一。

1929 年，中国营造学社成立，刘敦桢于 1930 年加入。1932 年，任中国营造学社文献主任。他与该社法式主任梁思成共同调查各地古建筑，结合文献分析研究，奠定了中国建筑史这门学科的基础，培养了一批研究骨干。刘敦桢在民居和园林两个领域的开创性研究，影响很大，1957 年他出版了《中国住宅概说》，又作苏州古典园林科学报告。1959 年起，他主编《中国古代建筑史》，总结国内研究成果，为中国建筑史这门学科作出了贡献。

（郭湖生）

中国大百科全书 建筑园林城市规划

9. 徐敬直（1906-1983），上海人，著名建筑师。1926 年，徐敬直沪江大学毕业，前往美国密歇根大学深造，主修建筑学，毕业后在 Cranbrook 学院工作，1932 年回国。1935 年，国民政府修建南京博物馆，徐敬直被委任为筹备处建筑师，时年仅 29 岁。其后在梁思成的指导下，开展具体工作。1946 年前往香港定居。1983 年逝世。

10. 关颂声（1892-1960），广东番禺人。于 1914 年入美国麻省理工学院读建筑学专业，1917 年获学士学位后又入美国哈佛大学攻读市政管理一年。1919 年回国，1920 年在天津创办基泰工程司，它是我国创办较早、影响最大的建筑设计事务所。1921 年，由基泰工程司设计的永利化学工业公司大楼建成，此举不但使长期把持我国建筑设计市场的洋人们为之震惊，也使中国建筑师从此扬眉吐气。1949 年前夕去台湾，曾任台湾建筑师公会理事长。关颂声先生于 1960 年 11 月 27 日病逝于台北 。

11. 杨廷宝（1901-1982），中国现代建筑学家、建筑师和建筑教育家。1921 年在清华学校毕业后，留学美国宾夕法尼亚大学建筑系，求学期间，多次获得全美建筑系学生设计竞赛的优胜奖。1926 年赴欧洲考察建筑，1927 年回国，加入基泰工程司。基泰工程司是关颂声、朱彬、杨宽麟等建立的，存在于 1923~1948 年，杨廷宝是这家建筑事务所建筑设计方面的负责人之一。1940 年，他兼任中央大学建筑系教授。

中华人民共和国建立后，历任南京大学工学院建筑系主任（1949-1952）、南京工学院建筑系主任（1952-1959）、副院长（1959-1982）、建筑研究所所长（1979-1982），江苏省副省长（1979-1982）等职。

杨廷宝从事建筑设计 50 多年，主持和参加、指导设计的建筑工程共 100 余项，在中国近代、现代建筑史上负有盛名。他出版了《综合医院建筑设计》（1978），创作的《杨廷宝水彩画选》（1982），《杨廷宝素描选集》（1981）、《杨廷宝建筑设计作品集》（1983）。

（齐康）

中国大百科全书 建筑园林城市规划

12. 南京工学院建筑研究所 . 杨廷宝建筑设计作品集 . 中国建筑工业出版社，1983

13~15. 同注释 12

16. 赵深（1898-1978），中国现代建筑师。1919 年毕业于清华学校。次年赴美国，就读于美国宾夕法尼亚大学建筑系，1923 年获建筑硕士学位。1923~1926 年在美国纽约、费城、迈阿密等地建筑师事务所工作，后去欧洲考察。1927 年回国后参加大上海市中心规划工作，并负责设计上海八仙桥青年会大楼。1928~1930 年在范文照建筑师事务所任建筑师，主持设计南京大戏院（现上海音乐厅）和南京铁道部办公楼。1930~1931 年开设赵深建筑师事务所。1931 年同建筑师陈植合作开设建筑师事务所。1932 年和建筑师陈植、童寯共同开设华盖建筑师事务所，至 1952 年，共设计工程近 200 项。

中国人民共和国建立后，赵深曾任华东建筑设计公司总工程师（1952-1953），中央建筑工程部设计院总工程师（1953-1955），华东工业建筑设计院及其后身上海工业建筑设计院副院长兼总工程师（1955-1978）。

赵深在设计思想上主张鼎新革故，别创新面。他主张建筑艺术造型要考虑自然条件、城市规划、绿化环境、建筑群和结构形式、建筑物理、室内空间等条件，统一协调处理，体现出造型的完整性。他认为旧的形式要批判地吸收，要结合新的内容和新的要求加以改造，做到古为今用。他的建筑创作特点是简洁明朗，使用新颖。

（范守中）

中国大百科全书 建筑园林城市规划

17. 童寯（1900-1983），中国现代建筑学家、建筑师、建筑教育家。1925 年清华学校毕业后，留学美国宾夕法尼亚大学建筑系。求学期间，曾获全美建筑系学生设计竞赛二等奖（1927）和一等奖（1928）。1928 年毕业，获建筑硕士学位。后在费城、纽约的建筑师事务所工作两年。1930 年赴欧洲考察建筑后回国，1930~1931 年任东北大学建筑系教授。1932-1952 年在上海与建筑师赵深、陈植共同组成华盖建筑师事务所，主持绘图室工作。该所设计工程近 200 项。

童寯在建筑创作上，反对因袭模仿，坚持创新，作品比例严谨，质朴端庄。童寯在 30 年代开始致力于中国古典园林研究，调查、踏勘和测绘、拍摄江南一带园林。著有《江南园林志》（1962），《Chinese Gardens》（《中国园林》，1936），《Foreign Influence in Chinese Architecture》（《中国建筑的外来影响》，1938），《亭》（1964）等，阐述中国传统造园技艺、江南名园沿革及其特点。晚年主要从事建筑理论和历史研究，出版有《新建筑与流派》（1980），《造园史纲》（1983），《建筑科技沿革》（1982-1983），《近百年西方建筑史》（1986），《Glimpses of Gardens in Eastern China》（东南园墅），以及《童寯画选》（1980），《童寯素描选》（1981）等，并发表有《中外分割》，《北京长春园西洋建筑》等论文。

（晏隆余）

中国大百科全书 建筑园林城市规划

18. 陈植（1902-2001），中国现代建筑师，1923 年毕业于清华学校后，留学美国宾夕法里亚大学建筑系，1927 年获建筑硕士学位。求学期间得柯浦纪念设计竞赛一等奖。1927~1929 年在费城和纽约建筑事务所工作。1929 年回国后，至 1931 年任东北大学建筑系教授。1931~1932 年在上海组织赵深、陈植建筑师事务所。1932~1952 年同建筑师赵深、童寯在上海合组华盖建筑师事务所，设计工程近 200 项。1938~1944 年兼任之江大学建筑系教授。

中华人民共和国成立后，陈植任之江大学建筑系主任（1949-1952）、华东建筑设计公司总工程师（1952-1955），上海市规划建筑管理局副局长兼总建筑师（1955-1957），上海市基本建设委员会总建筑师（1957-1962），上海民用建筑设计院院长兼总建筑师（1957-1982）。

陈植认为建筑创作必须从环境、群体、功能出发，体现民族风格和地方特点，并主张将"科学的内容、大众的方向、民族的形式"这一概念应用于建筑创作。

（贺圣山）

中国大百科全书 建筑园林城市规划

19~20. 同注释 5

21. 同注释 12

22. 梁思成 . 致周总理信——关于长安街规划问题 .1951. 梁思成文集（四）. 中国建筑工业出

版社，1986

23. 梁思成 . 梁思成文集 . 中国建筑工业出版社，1986

24. "四部一会"大楼，1952~1955年，张开济设计的大屋顶民族形式政府办公楼。"四部一会"指：第一机城工业部、第二机城工业部、重工业部、财政部、国家计划委员会。

25. 陈志华 . 外国建筑史 . 中国建筑工业出版社，1979

26. 童 寯 . 日本近现代建筑 . 中国建筑工业出版社，1983

2012.01.29第一稿

2012.03.18第二稿

关于尤金·艾曼努埃尔·维奥莱·勒·杜克和他的结构理性主义

20 世纪是建筑业变革的一个伟大的时代。当我们回首这百年的沧桑巨变时，我们不能不思考产生这个巨变的历史原因。当然这首先要归功于社会和科学技术以及生产力的进步，但是仅仅有这些还是远远不够的。如果没有建筑师们的努力，没有建筑界的先知们的高瞻远瞩，没有先进的知识分子掀起的一场建筑界的革命，这种进步是否会来得这么及时、这么彻底，恐怕仍然会存在问题。幸运的是，在 19 世纪末，这种变革所必需的各种条件在欧洲都已经准备成熟。所以回顾 19 世纪的欧洲建筑史，看一看在那个时代，欧洲建筑界先进的知识分子是怎样研究他们的传统，怎样对待继承与创新，怎样对待文化与科技，怎样对待技术与艺术，一定是一件有意义的事情，因为中国当今建筑界在上述这类问题上同样存在着许多困惑。

要讨论这样一个重大的建筑史上的话题，我实在是没有资格的，因为我只是一个普通的执业建筑师。在 12 年前，我曾发表过一篇文章《结构理性主义的现实意义》涉及 19 世纪的欧洲。发表之后有学生来找我，希望我能更多地谈一谈这方面的问题，希望我能介绍更多的关于尤金·艾曼努埃尔·维奥莱·勒·杜克（Eugene-Emmanuel Viollet-le-Duc）的情况，被我回绝了，因为我实在并不知道更多，我只知道这是一位在西方建筑界威望极高的大人物，而他的理论在我国曾被官方批判。大约也是因为被批判过，所以在公开场合老先生们也从来不会对我们这些学生谈起。有幸的是 2007 年肯尼思·弗兰姆普敦（Kenneth Frampton）的新著《建构文化研究》中译本出版了，在这部鸿篇巨著中作者从头到尾，在多处，用了大量的篇幅介绍他、他的著作和他的理论以及他对 20 世纪建筑师的影响，这才使我对勒·杜克有了更多一些的了解。现在我把书中的材料整理出来提供大家参考，也是对那位同学的一个交待。

19 世纪法国、德国建筑理性主义及其批判精神

勒·杜克生活在 19 世纪的法国。19 世纪的欧洲建筑界是一个设计思想极其活跃的时代，各种复兴主义和折中主义的思潮，保守的学院派以及企图摆脱学院派理论束缚的建筑师们都在理论和实践中去寻找建筑的发展方向。这是 20 世纪出现建筑变革前的一个重要的思想、理论的酝酿和准备的时期。

在他出生之前，18 世纪法国发生了两个重大的事件：一件是资产阶级领导的向封建制度及其上层建筑猛烈开火的"启蒙运动"，这个运动席卷欧洲，是思想文化界的一场革命；另一件就是法国资产阶级革命取得了完全的胜利。对于"启蒙运动"，恩格斯有这样的评价，他说："他们（指资产阶级）不承认任何外界的权威，不管这种权威是什么样的……一切都必须在理性的法庭面前为自己的存在作辩护或者放弃存在的权

利……"（《马克思恩格斯选集》，第三卷，人民出版社，137~138
页，1966 年）。　"启蒙运动"对法国、德国的建筑界产生了重大的影
响。建筑界的学者们同样也把他们的建筑传统放在了审判台前，用理
性去审判它。这种理性是功能、是真实、是自然。其中著名的学者有
米歇尔·德·弗莱芒（Michel de Fremin）、陆吉埃长老（Pere Mars
Antoine Laugier）等，他们重新用理性的批判性的眼光，审视从古希腊、
古罗马、哥特、文艺复兴直到 19 世纪的欧洲建筑。通过这场理性的梳理，
他们找到了欧洲建筑传统中的优秀文化，找到了建筑形式背后的理性逻
辑，他们从建造技术的进步中发现了建筑形式演变的规律，他们用理性
的视野重新阐述了其建筑史。

　　下面这些例子足以说明当时百花齐放、百家争鸣的热闹情景：大家
知道在 19 世纪的欧洲，在建筑界有两个学派，一个是古典主义学派，
一个是哥特学派。一个崇尚希腊、罗马，一个崇尚哥特建筑。为了证明
各自的信仰的正宗性，他们都在为自己的信仰寻找理性的根据。

　　这种争论包括希腊建筑装饰的来源问题，一派学者认为希腊建筑檐
部的齿饰和三陇板及多立克柱式的凹槽是希腊木构的痕迹，因此必须批
判（奥古斯特·舒瓦齐、奥古斯图斯·威尔比·普金等）；而卡尔·博
迪舍（Karl Botticher）则指出希腊神庙木橡的核心形式与古典柱式顶
部的梁端三陇板和作为木橡之艺术再现的陇间壁的差异，为希腊建筑辩
解。哥特学派的一些学者强调哥特建筑结构性，强调建筑表现必须与"建
构"统一，对文艺复兴采用没有建构意义的抹灰线脚的做法进行批评；
对后文艺复兴建筑（圣彼得大教堂）的尺度失真以及隐藏和伪装真实结
构的做法不以为然；对待卢浮宫的壁柱的"收分做法"也批评有加，等等。

　　从上述争论中大家都不难看出，当时法国、德国的建筑界正在用理

性来讨论建筑的艺术性问题，因为他们认为建筑艺术应该是理性的。在对多立克柱式的凹槽和三陇板的讨论中，虽然争论的双方意见不一，但是大家的"艺术立场"却是一致的，即双方都认为"建筑的装饰应该是强调建筑的建造方式的"，即装饰只有强调建筑构件的"建构原理"才被认为是正当的。争论双方都认为：如果希腊石构建筑在檐部的装饰手法仍然保留的是木构的痕迹，那么希腊建筑就是不成熟的。为了为希腊建筑装饰的"真实性"辩护，唯一可以采取的方法是去寻找考古的证据，这就是当时建筑界对建筑装饰的认识。哥特学派有的学者为了证明哥特建筑的完美性，甚至企图证明飞扶壁上的小尖塔有其结构上的意义，这种证明虽有所牵强，但反过来说明了启蒙运动的无比威力。在对待圣彼得大教堂的研究中，对其尺度失真和用假墙隐藏扶壁的做法抨击的现实，说明了追求真实、反对虚假、回归理性是这个时期建筑思潮的核心价值观。

当时的学术界对 19 世纪流行的复兴主义和折中主义建筑的批评就更多了。其中一个例子就是勒·杜克对当时流行的火车站设计风格的批评，他说："在那里将古典建筑语言、笨重的宫殿式立面以及轻型铁构的玻璃顶棚生吞活剥地拼凑在一起。"他们不满意这种杂乱无章和表里不一。他们希望去创造 19 世纪的新建筑，实现他们心中的建筑理想。为此，许多学者都开始著书立说，总结希腊建筑和哥特建筑的设计经验，在传统中去总结他们认为是正确的设计原理。

其中比较著名的有流亡德国的法裔学者奥古斯图斯·威尔比·普金（Augustus Welby Pugin），在 1841 年出版了《基本原理》一书。在书中他提出了建筑设计的两个基本准则。这个准则就是："首先，应该反对不能满足使用舒适性要求的建筑，应该反对不符合建造原理的建筑；

其次，装饰应该丰富建筑的本质结构。"

另外德国著名建筑师卡尔·弗里德利希·辛克尔（Karl Friedrich Schikel），在《建筑艺术的原则》一文中，表达了他的建筑思想：

1. 建造，就是为特定的目的将不同的材料结合为一个整体。

2. 这一定义不仅包含建筑的精神性，也包含建筑的物质性，它清晰地表明，符合建造的目的性是一切建造活动的基本原则。

3. 建筑具有精神性，但是建筑的物质性才是我思考的主体。

4. 建筑的目的性可以从以下三个方面进行考虑：

a. 空间和平面的布局应符合使用的目的性；

b. 应按照建造的原理去选择构造做法，材料的选择和搭配应符合建筑平面布局的要求；

c. 建筑装饰应符合建造的目的性。

在这里，辛克尔明确地强调：在建筑艺术的原则中，他把建造的目的性和物质性看得比建筑的精神性更为重要。辛克尔在19世纪20年代就开始写作他的《建筑学教程》，在书中收集了许多不同构件的连接方式和不同材料的结构组合的实例，这些实例所涉及的都是有关建造的"本质形式"的问题，而不是"艺术形式"。

与普金、辛克尔一样，勒·杜克也提出了自己的建筑艺术的原则。1853年他在巴黎美术学院的讲演中提出了这个原则，他说："在建筑中，有两点必须做到忠实，一是忠实于建设纲领，二是忠实于建造方法。忠于纲领，这就必须精确地和简单地满足由需要提出的条件，忠于建造方法，就必须按照材料的质量和性能去应用它们。"

上述文中提及的学者都是19世纪欧洲最有影响的建筑学家。他们对希腊及哥特建筑的研究使他们对建筑艺术的本质有了更深刻的理解，他们的观点虽各有侧重，但以下几点是共同的：

1.认为建筑是由材料通过"建构（tectonic）"形成的物体，建筑的艺术形式应反映相应的建构形式。把装饰分为"本质性（建构性）装饰"和"附加性装饰"两大类别。强调"建构性装饰"的意义和艺术价值。他们对19世纪流行的各种复兴主义和折中主义深恶痛绝，因为那类的建筑的立面设计与其采用的建构方式无关，不合建造的逻辑，虚假而不真实（如对希腊建筑装饰的争论，对19世纪火车站设计的批判等）。

2.把建筑艺术形式分为"本质形式"和"艺术形式"（再现形式）。追求艺术形式应"再现"本质形式。所谓"本质形式"就是"建构形式"，即有关建造的问题。反对为了"艺术形式"的种种虚假的建造（反对圣彼得大教堂、圣保罗大教堂等建筑用假墙隐藏和伪装扶壁结构的做法，反对"假柱"等），他们认为建筑艺术应该表现建造的真实性（图1）。

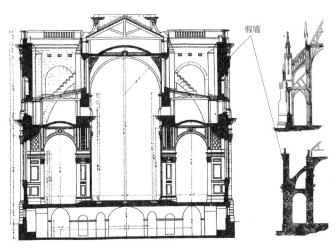

假墙

1.伦敦圣·保罗大教堂的剖面图。它与圣·彼得大教堂一样，采用假墙来隐藏和伪装扶墙结构的做法，受到了19世纪建筑学者的猛烈抨击。

图片来源：《建构文化研究——论19世纪和20世纪建筑中的建造诗学》P43

3. 高度肯定哥特建筑的"结构性"，认为建筑艺术和建筑结构、建筑技术的完美统一是建筑艺术的理想。

4. 认为建筑必须为其建造的目的服务，达到实用和舒适的目的。

5. 他们对 19 世纪的各种复兴主义的建筑不满，向当时的建筑界广泛接受的观点进行挑战，这种观点将精通各种古代建筑的立面设计视为建筑能力的必然表现。他们希望找到建筑发展的方向，希望创造符合时代需求的新建筑，这种新建筑应继承希腊建筑和哥特建筑的艺术本质而不是表面的立面形式。

勒·杜克和他的结构理性主义

勒·杜克，法国巴黎美术学院教授，于 1840 年开业。1842~1845 年间，他接受的中世纪古建筑修缮工程不下 20 个，其中以修缮巴黎圣母院最负盛名。他与普金一样，从 12 世纪的法国哥特建筑中总结出一系列建构原则，都是当时著名的哥特建筑的权威。他们都对哥特建筑的伟大痴迷和崇拜，都反对哥特复兴主义的建筑，因为这些建筑完全失去了哥特建筑的精神。面对这个现实，普金感伤怀旧，束手无策。而勒·杜克则不同，他的思想方式是开放的，他渴望创造一种"具有哥特灵感，但又能够为 19 世纪所用的建筑"。他没有门户之见，对待哥特建筑、希腊建筑一视同仁，甚至对罗马建筑的异教文化也不抱有狭隘的偏见，只要是好的，他都兼收并蓄。他研究哥特建筑，不是为了复古，而是为了探寻建筑艺术的本质，他对哥特建筑的"结构性"了如指掌，对哥特建筑的"艺术原则"推崇备至，但他从不泥古不化，甚至去寻找哥特建筑的不足之处，认为采用"飞扶壁"来解决屋顶推力的办法不够经济，希望通过采用新技术去改造它。清楚地认识到历史已经成为过去永不复返，他努力去找寻新材料和新技术，创造属于 19 世纪的新的建造方式，并在建造中贯彻哥特建筑的"艺术原则"，他一生都在探索之中。可惜的是，由于历史的原因，他的探索仅仅只能停留在理论的层面，9 年中完成的 40 多个建筑项目，无一实现了这种理想。但是在这种理想和理论的影响下，一代一代的建筑师在沿着他所指明的建筑创作道路，为新的建造方式的创造而努力，终于在 20 世纪掀起了一场建筑的革命，改变了整个的世界。

作为一名理论家，他的影响可以追溯到 1854 年出版发行的《11~16 世纪法国建筑辞典》以及 1858 年、1872 年先后完成的《建筑谈话录》第一卷和第二卷。在谈话录中，他自始至终在努力摆脱哥特复兴主义。

在勒·杜克看来，力学逻辑和建造程序的理性原则是无法分离的，它们互为前提又互为结果。他不仅关心建筑物的外部形象，更为关注的是这种外部形象与建筑的使用功能、结构形式及材料天性之间的"关系"。不仅如此，他还要关注整个建筑物的建造过程。学者胡伯特·达米希（Hubert Damisch）对勒·杜克《辞典》一书的评论一针见血："维奥莱·勒·杜克掀起了一场革命，他将建筑理论从以往学院派理论家们津津乐道的幻觉中解放出来，引导人们将注意力从建筑的外部形象转向艺术作品的本质。如果'美'这个字还有什么意义的话——它必须有意义，因为我们谈论的是建筑物而不是构筑物——那么它的意义就是一种有关真理的概念，也就是说，对于建筑来说，形式与本质同等重要……根据勒·杜克的观点，在任何情况下，在设计建筑时采用现象学的方法都无法取代采用结构分析的方法，采用现象学的方法只能间接地引导我们去实现建筑的本质，在这里，建筑形式是建造活动的自然形式……但是，人们也许要问，通过区分本质存在和外部形式，或者说区分现象和本质，勒·杜克是否已经偷梁换柱，用一种新的方式将他自己在冠冕堂皇的说教中拒之门外的先验幻觉重新注入到建筑理论中去了？换言之，他的观点似乎是，我们不应该再在砖头和灰泥中，而应该在外部形式中发现'真理'。"达米希接着写道："不，真理（建筑美）应该在两者（本质存在和外部形式）相得益彰的关系中去寻找。这里是风格诞生的空间……也许我们应该在这里寻找《辞典》一书经久不衰的意义和教育价值。"

从上述评论中，我们已经可以清楚看见勒·杜克理论的重大意义了，其中最后一段话意味深长。它告诉我们：

1. "真理"（建筑美）存在于本质和外部形式的"相得益彰的关系"之中。反过来说，如果外部形式不能反映本质，那么就不存在建筑美。如果用当今时髦的语言，那就是说，不管建筑的形式多么"刺激眼球"，只要不符合本质，那么一定是丑陋的。这里勒·杜克提出的是建筑艺术创作的原则。

2. 勒·杜克指出，在本质存在和外部形式之间有"空间"存在，这里可以产生"风格"。这就给出了建筑创作多样性和丰富性的可能。正因为如此，勒·杜克的理论一百多年来经久不衰。只有理解了这一点，才能够理解1864年塞扎·戴利所说的一段话。他说，结构理性主义是"所有法国哥特主义者、古典主义者、折中主义者所普遍具有的信念。"也就是说结构理性主义不是一个有关风格的形式主义的理论，它是探究建筑的建构本质的理论。

对于勒·杜克的名著《建筑谈话录》，弗兰姆普敦有这样的一段评论，他说："《建筑谈话录》不愧为一部富有价值的理论著作，它努力挖掘建造文化的发展历史，从中寻求符合新时代要求的建筑方式。维奥莱·勒·杜克的博识多学来自于他对文化的高度关注，以及他在建筑实践方面日积月累的经验。《建筑谈话录》是一部举世无双的著作，它从维奥莱·勒·杜克对历史哲学的反思开始，继而过渡到建造的实际问题，全书思路流畅，毫无停顿犹豫之感。作为一位理论家，他思想的影响广泛而持久。"

下面我们来介绍勒·杜克在 1872 年所设计的那个著名的 3000 座会堂的方案（图 2）。为了满足 3000 人的聚会，勒·杜克将平面布置为正方形平面，四角切去，近似八边形，平面的中央是会堂，周边布置门厅、休息厅和辅助用房。中央大厅屋盖的跨度达到 140 英尺（42.7 米）。如何解决其屋盖的建造问题，显然是这个方案的核心。但是用任何传统的建造方法都不可能实现如此跨度的无柱空间，于是勒·杜克只能考虑去创新，去寻找新材料，发明新技术，创造新形式，而这正是他的建筑理想。

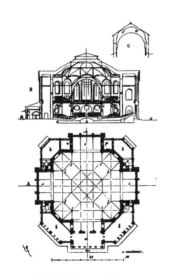

2. 3000 座会堂方案，1872 年

勒·杜克利用新材质铸铁和轧铁组合的屋盖结构，显然要比由笨重的扶壁所组成的结构体更为简单和轻巧，同时也更为经济，结构占用的空间也大为减少。

　　勒·杜克曾到英国去考察，那时候水晶宫已经建成（图3），他对英国采用的铸铁和轧铁技术很感兴趣。他想把铸铁的受压性能和轧铁的受拉性能组合起来，解决这个方案的屋盖的结构问题。他不想采用罗马人利用厚重的墙体来解决屋顶的推力问题，也不想采用哥特人的飞扶壁，因为他认为飞扶壁仍然不经济，他更不愿意像文艺复兴之后的那些建筑师，为了立面的风格用假墙去隐藏真实存在的扶壁。他要创新！

　　对于这个设计，勒·杜克这样写道："显然，如果中世纪建造者们掌握了铸铁和轧铁技术的话，他们就不会再像他们实际上做的那样使用石材了……然而中世纪的建设者们并没有忘记结构原理，他们是在石砌建筑中应用这个原理……这种有机形式（指铸铁和轧铁组合的屋盖结构）显然要比由笨重的扶壁所组成的结构体更为简单和轻巧，同时也更为经济……而且结构占用的空间也大为减少。"他还说："如果我们把轧铁视作一种受拉性能特别好的材料……那么我们就能够设计一种符合材料本质的铁构体系，以及一种用一系列不同拱顶建造大跨度空间的方法。"

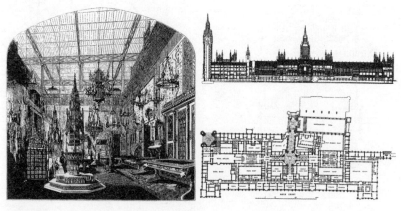

3. 水晶宫
19 世纪欧洲建造的"哥特复兴"建筑 A.W.N. 普金和查尔斯·巴瑞勋爵，伦敦威斯敏斯特新宫，1836-1865 年左右。横剖面和平面

这个方案是一个被弗兰姆普敦称作是可以"上九天揽月"的大胆设想。弗兰姆普敦在书中写道："勒·杜克八角大厅的透视图表现的不仅是多边形房屋的屋顶结构和根据受力特点设计的铁构体系，而且也开创性地向人们展示了结构理性主义原理。"

结构理性主义在中国之命运

早在20世纪50年代的中国，在讨论中国建筑的社会主义新风格时，为了与西方的建筑理论划清界限，结构理性主义与功能主义一起遭到了批判。那么我们来看一下当时是怎样来批判这个理论的吧！

批判者说："建筑的风格难道是由建筑材料与结构决定的吗？"，"建筑的风格难道是由功能决定的吗？"，"如果结构、材料可以决定建筑风格，那么为什么各个民族在古代采用同样的结构、材料，却得到不同的建筑风格？""如果功能可以决定建筑风格，那么为什么同一个时代不同功能的建筑会有同一个风格？""钢筋混凝土结构既可复罗马之古，也可复希腊之古，又可复中国之古。"是的，这样的言论似乎颇有道理，而且也有史实作为依据，似乎无瑕可击。

但是这样的批判是存在问题的，因为实在过分武断！在我们还没有深入研究结构理性主义的情况下，我们就展开了这样的批判。把形式当成了风格，概念已被偷换！如果你仔细研究了勒·杜克的理论，我要问诸君，结构理性主义什么时候说过建筑风格可以由建筑材料、结构所决定？要知道结构理性主义所讨论的形式问题是建筑的"本质形式"，而不是大家所关注的"表面形式"，它与建筑风格无关，但它却与建筑伦理、建筑科学紧密联系。

在这场批判中，把西方的"形式追随功能"、"形式追随材料、结构和建造"，偷换成了"功能决定形式"、"材料、结构决定形式"，又把形式和风格混淆起来，这就像一场堂吉诃德与风车的大战！但问题还不在这里，这场批判真正的问题在于，中国建筑界关闭了向西方学习的大门，拒绝接受 19 世纪以来西方学者对建筑历史的科学研究成果以及对各种复兴主义的批判，拒绝了学术界关于建筑艺术的理论研究，"建筑美"的问题已不再有"真理"的性质，而纯粹是由"喜闻乐见"所决定，这就为学习苏联的"走民族主义道路"扫平了障碍。但是这样的理论在当时还没有在实践上造成太大的危害，因为当时国家经济困难，由于经济的制约，形式主义之风虽有，但并不能猖獗。

这场批判的真正危害在于，它使中国建筑界的许多人的设计思想，仍然停留在 19 世纪的欧洲。那时的学院派建筑师把建筑创新只当作是建筑表面形式的翻新，即风格的翻新，而没有理解"建筑样式"的背后是其"建构"的方式，建筑创新不是从"建构"出发，而且也不在乎建筑的"艺术形式"是否与"本质形式"的"相得益彰"，甚至把建筑设计当成了造型设计。这场批判的另一个严重危害在于，一个失去了建筑理论的建筑界丧失了对种种形式主义潮流的免疫能力，当后现代主义和各种先锋派的潮流随着国门打开蜂拥而至时，许多人丧失了自信，为种种形式主义的设计打开了方便之门。这就是为什么在美国兴起的后现代主义在中国能大行其道，而在欧洲却不能翻江倒海的原因。

由于几十年不谈建筑理论，不谈建筑创作原则，这也为今天中国建筑界出现的标新立异的风潮埋下了伏笔，因为几十年这样的建筑教育，已经造就了一批批这样的建筑师，他们不重视理论，随风倒，近来有些人已经把"建筑创作"当作了艺术的"造型设计"，把建筑设计当作了追逐业主个人"喜好"的形象设计。

今天弗兰姆普敦又给我们送来了一本好书，在这本书里，他描述了一百多年来西方"建构文化的起源和沿革"。他指出这个起源就在19世纪的法国和德国，而勒·杜克的结构理性主义就是建立在当时众多学者对建筑史的研究基础上，提出的建筑创新的原则，对后世影响极为深远而持久，以至于今天我们还要研究它。

在这部鸿篇巨著中，弗兰姆普敦引用了乔吉奥·格拉西（Giorgio Grassi）的一段话："凡是谈到现代运动中的先锋运动，人们总是将它们与造型艺术（the figurative arts）联系起来……立体主义、至上主义、新塑性主义等都是在造型艺术领域内发展的流派。它们只是后来被转借到建筑中而已。为了将自己融于这些'主义'之中，'英雄'时代的建筑师们曾经费尽心机，这真让人啼笑皆非；出于对新观念的迷恋，他们在困惑之中进行各种尝试，只有后来才认识到这些观念无异于海市蜃楼。" 弗兰姆普敦写道："这种……批判尽管有些陈旧，却不失为对将建筑视为造型艺术观点的挑战。"

弗兰姆普敦似乎正在批判当今中国正在流行着的把建筑当作造型艺术的观点，不，他不是"似乎"而是"已经"，在他的《建构文化研究》中文版的再版序言中，他批评了CCTV新楼和"鸟巢"的设计。

这部书写作始于1986年，那时"后现代主义"正在横行。在该书的序言中，哈里·弗朗西斯·马尔格雷夫（Harrry Francis Mallgrave）写道："这是一部思想丰富和结构清晰的著作，它也许并不能改变充斥在我们这个'后现代主义'时代建筑话语中的玩世不恭的态度（可悲的是不少人对此沾沾自喜），但是它无疑有助于加深和促进对建筑这门艺术的思考。"

该书用史实来批判正流行的潮流，弗兰姆普敦继承了19世纪欧洲建筑界的传统，即批判精神。让我们也拿起批判的武器吧，虽然我们同样也并不奢望能改变目前的局面！

参考书目

[1] [英] 彼得·柯林斯. 现代建筑设计思想的演变 1750-1950. 英若聪译. 中国建筑工业出版社，1987

[2] [美] 肯尼思·弗兰姆普敦. 建构文化研究. 王骏阳译. 中国建筑工业出版社，2007

[3] 陈志华. 外国建筑史（十九世纪末叶以前）. 中国建筑工业出版社，1979

难道对"鸟巢"不应该批评吗？

我在《建筑是什么》一书中曾对 2008 年奥运会主场馆"鸟巢"的设计提出过批评。我的一位好朋友读后对我说："你在书中对 CCTV 新楼的批评，我们都坚决支持，但是我觉得鸟巢还不错，你为什么要批评呢？"他也是一位老建筑师，他还转告我，说某位领导也是这个意见。显然他的意见代表了很多人的看法，他们认为"鸟巢"蛮漂亮。

但是与此类意见完全相反，我的另一位老朋友，一位颇有点名气的老建筑师、建筑学教授专程来北京参观"鸟巢"，看完以后对我说："鸟巢太差了，粗糙至极，外部的钢结构与内部的看台结构之间的关系很差，杂乱无章。用了那么多钢材，仅仅为了解决遮阳问题！一个不好的设计。"

两位都是我推心置腹的朋友，他们都是老建筑师，意见竟然有天壤之别。可见对建筑的评价问题多么复杂。

关于"鸟巢"，一些艺术家也提出了自己的见解。下面我摘引艾未未先生在《不存在理想的城市和建筑》中的一段描述："在赫尔佐格和德梅隆（奥运'鸟巢'的设计事务所）在中国参与竞标前，我给他们引荐了中国合作方，他们问我愿不愿意参加项目的设计工作。对我来说，凡是我不熟悉的事情我都愿意参加……由于我的参加，他们之前讨论的结果要进行很大的调整。形体、结构和功能问题，包括室外的形态、文化特征等……我们做了很多交流，所以他们才有可能非常勇敢地采纳他们不习惯的方式。" 他还写道："赫尔佐格和德梅隆……他们是非常自觉的建筑师，形式主义的做法是他们要回避的，'鸟巢'从理性到感性是一体化的，它的外观就是它的结构本身。它实际上是理性分析的结果，之后被误解为描绘鸟巢的形状。"

艾未未先生对"鸟巢" 设计过程的描述，我以为是真实的。赫尔佐格和德梅隆为了投标的成功，听取了艾未未的一些建议，采纳了"他们不习惯的方式"，他们"回避"了过分"形式主义的做法"，力图在设计中守住建筑设计的底线。例如："鸟巢"的外轮廓线呈"马鞍形" 就是这个底线之一。另外与当今许多标新立异的建筑不同，"它的外观就是它的结构本身。"而且赫尔佐格和德梅隆也没有像许多中国人理解的那样，把"鸟巢"作为设计的"创意"，正如艾未未先生所说，这是"之后被误解为描绘鸟巢的形状。"

但是因为艾未未是艺术家，所以他并不清楚，他所说的"鸟巢"的设计"是理性分析的结果"，并不是事实。因为虽然"它的外观就是它的结构本身"，但是这个结构形式本身是不合理的。因此在解读"鸟巢"时，只能认为，结构是追随形式的，而不是形式追随材料和结构的天性。因此这仍然可以看作是一种形式主义的设计。

下面我再摘引一段美国当代著名的建筑理论家、哥伦比亚大学教授肯尼思·弗兰姆普敦对"鸟巢"的评价。这段评价是在他的新著《建构

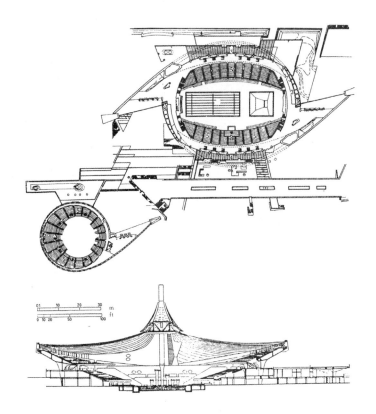

1. 代代木国立综合体育馆总平面图、游泳馆剖面

代代木国立综合体育馆由奥林匹克运动会游泳比赛馆、室内球技馆及其他设施组成的大型综合体育设施，是1960年代日本建筑技术进步的象征，它脱离了传统的结构和造型，被誉为划时代的作品，是世界上经典柔性悬索结构的典范，体现了结构哲学的真谛。建筑能够体现结构的美，反过来结构又可以演绎建筑的美。其具有原始的想象力，最大限度地发挥出材料、功能、结构、比例，直至历史观高度统一，被称为20世纪世界最美的建筑之一。

（资料来源：http://baike.baidu.com/view/6233274.htm）

文化研究》中文版的再版序言中谈到的。《建构文化研究》中文版出版于2007年，那时"鸟巢"尚未建成。在该书的修订版中，弗兰姆普敦专门为中文版写了序言。在序言中，他写道："自从邓小平开启国家的现代化以来……规模庞大的都市化进程呈现出不确定和无序的局面，尤其在气候变异上和大规模污染的背景下看来更是如此。在中国，如同其他地方一样，许多人持这样的观点，即建筑师除了致力于使建筑具有某种相对的可持续品质之外，并不需要关注上述这类虚无缥缈的问题……"弗兰姆普敦接着写道："不管多么出乎意料，正是最近两个在北京落成的主要作品促使人们思考上述这一类问题：事实上，这两个作品在钢材的使用上都呈现出一种肆无忌惮的态度。我这里说的是两个由外国建筑师为奥运年而设计的标志性建筑，即莱姆·库哈斯的央视大楼以及赫尔佐格和德梅隆的奥运体育场。在这两个案例中，我们看到的都是一种奇观性建筑（Spectacular Works），从建构诚实性和工程逻辑性的角度看，它们都乖张到了极端。前者在概念上夸大其辞，耍杂炫技；后者则'过度结构化'，以至于无法辨认何处是承重结构的结束，何处是无谓装饰（Gratuitous Decoration）的开始。尽管这两个建筑都树立了令人难忘的形象，但是人们仍然有理由认为，创造一个引人注目的形象并不必然需要在材料使用上如此肆无忌惮和丧失理性。在这两个案例中，我们看到的是一种极端的美学主义，其目的只有一个，就是创造一个惊人的奇观效果。"

与弗兰姆普敦的看法几乎完全相同的还有一位学者，只不过他不是从建筑艺术的角度而是从工程角度出发，对"鸟巢"进行了批评。他就是1964年东京奥运会代代木体育馆（图1）的结构设计者川口卫先生。他是结构工程师，他的批评更为直白。他的批评意见，我在《不同的声音》一文中已有摘录，在这里我仅简要地引述如下：他在2008年12月的日本《新建筑》杂志撰文写道，"像'鸟巢'这样的浪费性建筑物，作为代表现代奥林匹克的主要设施，是与奥林匹克精神不相符合的。"他说："'鸟巢'是国际竞赛的中选方案，长跨332米，短跨296米，椭圆形状，整个屋面呈马鞍形，中央是长127.5米、宽68.5米的开口，原设计是活动屋面。这样规模的屋面，采用以弯曲刚性框架为主体的结构系统，只要具有健全判断力的工程师，从一开始就会认为这是一个不合理的结构。该方案无论是四周还是开口部分的形状，采用的都是封闭的连续曲线，因此采用更加合理的空间轴力杆件系统，就足以满足需求。而硬要采用巨大的刚性框架群来修建，只能说从一开始就没有意识到这是一个很不经济的方案。"他形容"鸟巢"的结构"相当于生物进化过程中的恐龙"，"巨大体量支撑的不过是自己本身的重量，成为非常没有效率的构造物。"他认为"鸟巢"的建设是一种非常不好的倾向，它不仅是"结构的不经济"和"加重民众负担"的问题，因为我们现在已经认识到了"资源、能源及环境的有限性，认识到了自然恩惠的有限性。"川口卫先生将"鸟巢"的设计问题提升到"可持续发展"这个人类面临的重大社会课题上。

上述两位学者是建筑理论界和建筑工程界的世界知名专家，不料他们竟然不约而同地批判"鸟巢"的设计，而这个设计却不断受到国内学者、国内媒体的"热捧"，这个现象本身就十分有趣。近日中央电视台在宣传"文化产业"时，在片头，不断地连续播放 CCTV 新楼和"鸟巢"的形象，把它们作为中国新文化的象征。关于前者，民间的批评似乎较为一致，但对于后者则分歧不小。因此对"鸟巢"的评判问题更为重要，"鸟巢"对于研究中国的建筑理论和实践问题，具有"标本"的意义。

也正因为是"标本"，加上官方舆论上的支持，现在各地官员都在仿效。追求建筑惊人的奇观效果成为风尚。听说某大城市的新任市长，审查建筑方案时，坐在屏幕之前，指点江山，根据立面选取方案，别的不管，真是"顺之者昌、逆之者亡"。就在前两天，我们参加一个规划方案竞标，这是一家国企的房地产公司，没有设计任务书。业主要求交付的投标文件中只需要彩色的效果图，不需要建筑平面和功能格局。最为可怕的是要设计方提供造型设计的"创意",在没有功能设计前就提供建筑形象的根据,这已经成为一种普遍的社会现象,而且美其名曰"概念设计"。新近一位年轻的朋友设计一幢高层旅馆,其扭曲了的体形造成客房布置的极不合理,我问设计者为什么要这样做,他无可奈何地告诉我,其他符合旅馆客房要求的方案,业主统统不要。我不解地问:"难道业主不知道这样的旅馆经营效果是不好的吗?"朋友告诉我,这是房地产商与政府之间的一场交易,这栋旅馆是开发商为政府所建,政府提供其他地皮供开发商开发。所以开发商并不在乎方案的功能性,只要外观奇特让领导"悦目"就很高兴。这就像中国人送礼,需要一个考究的包装。

对于比比皆是的上述现象所带来的社会问题是可想而知的。这里有体制问题,投资的监管问题,腐败问题,但我以为最为可怕的是建筑文化的问题。因为我绝不相信,一个人要接受礼品,他只希望"漂亮"。许多人以为建筑是一种"造型艺术",建筑是"身份和地位"的象征,建筑设计应当追求"眼睛一亮"等等已经成为最危险的倾向。而建筑学术界对此现象,人人都知道,但是许多人视而不见,充耳不闻。更有某些"学者"、"专家"、"大师"故弄玄虚,推波助澜,甚至著书立说。另有些"艺术家"乘虚而入,造成了当今中国的建筑现状。一些十分正派的人在此混乱的建筑文化环境和"市场"下,也已经丧失了"健全的判断力。"这才是最为让人痛心的事。

这就是我为什么要批评"鸟巢"设计的原因,因为"鸟巢"具有典型性,它存在的问题更为隐蔽,它有一件似乎漂亮的外衣。很多人以为这就是"建筑的艺术性"。所以揭露其本质,为"建筑美"正名,是一件义不容辞的艰苦的工作。我相信,对它各种不同的解读的讨论,可以帮助我们理解建筑，理解建筑艺术，否则这类在建设中的肆无忌惮铺张浪费之风将无法得到遏制。

一个美国人，弗兰姆普敦，远隔重洋，但已经清楚地洞察到了中国改革开放以来，都市建设出现的"无序"的局面。他指出："中国在过去 25 年中的建设规模和速度几乎没有为这一巨变的环境后果留下任何反思的空间，无论这种反思是在生态层面还是在文化层面的。在人们无休止地对发展的共同追求面前，任何即时的思考判断似乎都必须让在一边。"

难道时代真的没有为我们"留下任何反思的空间"吗？不！我们既有空间还有时间，我们所缺少的是社会的责任心，是对建筑历史的研究，对建筑学术的研究以及对国情的深刻了解。我们缺少的是科学研究的传统和对时代全面的了解，而最为致命的是我们没有勇气去为真理而斗争！

现在社会上普遍追求"奇观建筑"的"极端美学主义"之风盛行，我们为此将挥霍大量的纳税人的钱和社会的财富。想想贫困山区那无助的孤寡老人和妇女儿童吧！想起他们，我们难道不应批评"鸟巢"之类工程的铺张浪费之风吗？

掌握着建筑命运生杀大权的官员们、老板们，希望你们手下留情，慎用人民给你们的权力。许多人想把自己经手的建筑当作纪念碑"青史留名"，这并不是件坏事，但是必须懂得什么才是优秀的建筑，否则历史是不会买账的。我希望那些自以为是的建筑决策者们，听听建筑理论、建筑历史学家以及普通百姓对你们所欣赏建筑的评价吧！希望你不会被那些所谓的"夺你眼球"的建筑钉在历史的"耻辱柱"上。

2011.11.26

不怕不识货，就怕货比货

关于对"鸟巢"工程的评价问题，我已经写了几篇文章，反复重申对其批评的理由。但是说实话，这些文章都有一个共同的缺陷，那就是写得过分专业了。如果你不了解建筑的历史，不熟悉各种不同的建筑理论，你也许会不大理解这种批评。而且与当今全国各地所建的许多工程相比，"鸟巢"并不是最差的，所以许多人会不同意我的批评。但是，之所以我要以"鸟巢"为例，抓住不放，正是因为它所具有的这种典型性（似乎很美的丑陋的建筑），我以为对它的批评更有现实的意义。

在对"鸟巢"等建筑的评价时，我再三强调了如下几个建筑创作的原则：

1. 建造的目的性

2. 建造的科学性（功能和技术）

3. 建造的经济性

4. 建造的真实性（建造的艺术）

  对建筑的评价，在"形式与功能"、"技术与艺术"的关系上，我反复重申"形式追随功能"和"形式追随材料和技术"的原则。虽然这些原则的确立在欧洲已有百年以上的历史，但是即使在今天中国的建筑界，也并不是所有人（特别是今天建筑系的学生）都清楚地知道这些史实的。至于那些业外人士，由于在中国的报刊上，建筑评论几乎没有，民众对上述我所谈到的那些原则，仍然会听不明白，不容易理解。特别是把"建造的真实性"作为建筑艺术的一个重要原则，很多人都不知道，并不会同意；因为几乎我遇见的多数人（甚至包括许多艺术家和设计师）都认为：建筑的艺术就是视觉的艺术。

  的确，近些年来我所谈到的上述这些建筑创作原则，曾被许多专家所忽略甚至否定。所以不少人对我的建筑观点并不赞同，认为这些说教过于陈旧。他们认为，时代已经到了 21 世纪，你还喋喋不休地鼓吹什么 20 世纪初的理论，实在是太过时了！

  那么上述理论是否真的过时了呢？对这个问题，我不想陷入经院哲学式的讨论之中。其实我对于那些从书本到书本的讨论从不感兴趣，我是一个实际工作者。我不愿意纠缠在那些永远说不清的概念之中（在建筑学中这类问题实在太多），我只想用工程实例来说话。因为我相信，事实胜于雄辩！建筑历史上的很多真理被认识，都是实践走在了前面。在实践成功之前，人们可能会无休止地争论。

  到今天，"鸟巢"建成已经 4 年。今年是又一个"奥运年"，奥运会将在伦敦召开。伦敦的奥运场馆已经建成。近来关于伦敦奥运工程的建设的新闻报道越来越多了。我想，为了说明"鸟巢"的问题，不如将它与伦敦"大碗"（对伦敦奥运会主场馆的别称）作个比较。这叫"不怕不识货，就怕货比货。"

下面我摘引几段记者于去年（2011 年）在参观伦敦奥运会场馆建设的报道：

"9 月 14 日，来到伦敦东部的伊利莎白女王奥林匹克公园，首先吸引眼球的，不是 2012 年奥运主场馆'伦敦碗'，而是一栋造型扭曲夸张、泛着耀眼红色的钢铁建筑。来自世界各地的记者纷纷猜测，有人说这个建筑与点燃火矩有关……更多人认为这是信号发射中心。当天的参观导览、伦敦奥运会总设计师杰罗姆·弗罗斯特（Jerome Frost）告诉我们：这个跟'伦敦碗'比邻但抢去不少风头的建筑，叫做安赛乐米塔尔轨道塔（ArcelorMittalOrbit）……跟巴黎埃菲尔铁塔相比，它只有前者的三分之一高（约一百米），简直就是'侏儒'，但设计公司却认为：'问题的关键不在于高度，而是极具挑战性的结构。'无论你喜欢或是讨厌它，你都会平心静气地将它从头到脚打量。'"

"'伦敦碗'被誉为伦敦奥运的'跳动的心脏'……'伦敦碗'的外观全部为白色，外形下窄上宽，酷似一只汤碗……其下沉式的碗形设计，可以让观众更近距离地观看运动员的动作……由绳索支撑的遮阳屋盖跨度 28 米宽，只能为三分之二的观众遮阳。考虑到奥运会比赛时间处于伦敦比较干燥（不常下雨）的两个星期，赛事主席冒风险决定放弃使用有更多屋顶覆盖面积的房屋。通过 6 个月的研究，他们终于确定，使用三分之二屋顶也不会产生强烈的侧风而影响比赛成绩，最终定下这个方案。"

"奥运结束后，这里的所有建筑，都会如'变形金刚'一样，进行一场大规模集体变身，'海浪'（两座矩形的白色建筑）的白色翅膀将被拆除，1.7 万个座位仅留下 2500 个，成为对公众开放的游泳池；'伦敦碗'则拆除左右地面上 5.5 万个座位，仅留下田径场和底层的 2.5 万个座位，奥运会结束后，建筑'出售'给一家英超球队作为主赛场。"

"其他的奥运场馆也秉承了这种原则。在伦敦 2012 奥林匹克公园内，共有 9 处场馆建设，分成永久性建设和临时性建设。而在永久性建设的建筑物中，又被分为临时性设施和永久性设施。"

"拥有 1.2 万个座位的 2012 伦敦奥运会自行车赛车馆（Velodrome），其中 6000 个座位为临时座位。在奥运会后，这里的赛道将适当改建，以便同山地车道及其他自行车运动道结合，建成一个面向社会的'自行车运动园'。"

"手球并不是英国人热衷的体育项目，手球馆将改头换面，成为当地的健身中心。"

"外表为白色的奥运篮球馆将为预赛和四分之一决赛提供 1.2 万个座位，在奥运会后则将被彻底拆除并可能在他处重建。弗罗斯特告诉记者，伦敦有不少公司提供运动场馆和设施租赁工作，这个篮球馆或许会出现在别的国家的运动会上。"

"2006 年亚洲运动会在卡塔尔首都多哈举行，由于当地没有自行车场馆，主办方向伦敦一家公司'租借'一个自行车馆，航运到多哈，花费 1200 万美元。相比之下，'租赁场馆'既省钱又环保。"

"英国首相卡梅伦则希望：'2012 年之后，奥运会能留下一份厚重的遗产'；不仅复兴伦敦东区，而且推动英国经济走向繁荣，鼓励新一代人积极行动起来，参加体育活动。"

"记者在英国的三天采访中，'遗产'（Legacy）是听到最多的单词。'如果奥运场馆几乎不复存在。会不会觉得奥运遗产少了点什么？'记者问'伦敦碗'主设计师本·维克里（BenVickery）。维克里回答道：'真正的奥运遗产是留在人们的记忆里的。举个例子，1992 年巴塞罗那奥运会，过去这么久，还有人记得当时的游泳馆是什么样子吗？'没人记得。但很多人印象很深刻的是，美国《时代》杂志刊登的一张跳水女王伏明霞凌空跃起的封面照，以及她的那段跳水传奇。"

关于"鸟巢"和"伦敦碗"的设计比较，"伦敦碗"主设计师本·维克里有着精辟的看法，他说："中英两国的设计哲学很不相同"，"'伦敦碗'将缩小 2/3，我们一点都不沮丧，反而很兴奋。我们已设计了太多地标性建筑，而'伦敦碗'将是我们设计的第一座临时性体育场。"

北京"鸟巢"曾被《泰晤士报》评为全球"最强悍的建筑"，被美国当代著名的建筑理论家、哥伦比亚大学教授肯尼思·弗兰姆普敦称作是"如此肆无忌惮和丧失理性"；被日本的川口卫先生认为："鸟巢"的结构相当于生物进化过程中的恐龙，巨大体量支撑的不过是自己本身的重量，成为非常没有效率的构造物。而英国的本·维克里则表示"伦敦碗"是比"鸟巢""更聪明的建筑。"他说："'伦敦碗'不是那种以壮观的外形取胜的体育场。"在这里维克里的表达最为含蓄，因为"伦敦碗"是他所设计的。

奥运工程曾经是中国人的头号"面子工程"和"政绩工程"。"鸟巢"在奥运工程中又是重中之重。为了它的设计和施工，可以说是倾国家之力。但是费了力气，又花了钱，效果却不好。4 年过去了，"鸟巢"等奥运场馆，一直在为自己的生存而奋斗，这些场馆在经济上入不敷出。许多场馆无法被民众所使用，一用便亏本。

很多人以为，经济上的入不敷出，是经营问题，从建筑设计角度来看，"鸟巢"的形象还是很漂亮的，在世界上独一无二，这就是建筑艺术的创新。但是没有想到的是：偏偏西方建筑界没有一人买这个账，无一人去肯定这个建筑，这个设计获得的是来自世界各国建筑界不断的批评。

这是为什么呢？许多人想不明白。现在"伦敦碗"建成了，真相已经大白！

英国人的设计为我们作出了榜样。原来英国人设计建筑，是把建筑作为伦敦经济发展的一个部分去设计的，他们思考问题是从历史的角度，是从伦敦的未来出发的；他们不需要把奥运会的建筑作为"遗产"而永垂史册，认为一切"虚名"都毫无意义；不以建筑的雄伟和壮观为美，不认为建筑是"面子"；他们把巧妙地解决问题的能力看得最为重要，认为这就是建筑师的"聪明之处"，这种"聪明"也就是建筑师的"艺术"，这种"艺术"反映在他掌控功能、空间、技术、经济和形式的综合素质上。

无论是政府还是建筑师，英国人都只把建筑当作完成奥运会的必要的设施。在完成这个历史任务时，执行严格的经济技术指标，在达到同样的建筑性能时，钱花得越少越好！但是如何少花钱又能为人们提供最好的服务呢？这就要靠智慧、科学与技术。这个"智慧"就是所谓的"现代设计"的精髓。

这次伦敦奥运会的建设在奥运史上是一次重大的建筑创新，英国人提出了一个崭新的概念：把奥运场馆当作临时建筑来建设。他们认为，体育场馆甚至可以设计成可拆卸、又可重新组装的、可重复使用的建筑。这个概念的提出，意义之大将不言而喻。161年前，也是在伦敦，发生了几乎完全相同的一件事：为了召开第一届世界博览会，他们创造了"水晶宫"，第一次把大型展览馆变成了"临时建筑"，展会之后异地重建。这一次他们又要这样做了，随着运输业的发达和依靠现代商业的力量，体育场馆的漂洋过海已经成为可能，而且英国人已经准备实施这个想法了。长期以来一直困扰着人类的奥运场馆的赛后利用问题的解决，我似乎已经看见了新的途径。

2012.07.10

为什么形式要追随材料？

今天的中国，建筑创作上有两股风：一股是追求标新立异的"奇观性建筑"之风，一股是创造所谓"民族形式"的复古之风，或者抄袭欧洲的古代建筑的崇"洋、古"之风。这两股风，虽然看似完全针锋相对，但从"艺术创作原则"上来说，却是完全一致的：即建筑的形式是由人们的"喜好"来决定的，人们根据"建筑方案的彩色效果图"来选择方案，就是这种创作原则的反映。这种原则就是："形式追随喜好"、"技术追随形式"。但这与现代建筑创作原则"形式追随功能"、"形式追随材料和技术"完全背道而驰。

"形式追随功能"对于中国建筑师来说，大家非常熟悉。但是对于"形式要追随结构材料的天性"，知道的人就少得多；因为20世纪50年代官方曾经批判过这个现代主义建筑的设计原则（梁思成先生还为此作过检讨），从此以后中国建筑界无人再敢谈及这个原则了。改革开放后，打开国门，重新学习西方，不巧的是，这时又赶上了后现代主义思潮，它是又一次对现代主义的批判，所以现代主义在中国的命运实在坎坷之极，直到今天，许多人对它仍然并不了解，以为现代主义就是"平屋顶"、"带形窗"、"方盒子"、"国际式"。把现代主义仍看作是一种"形式"的主义。

如果你和一些人讨论"形式追随什么？"，他们会说："形式当然是追随'喜好'的。"因为长期以来，我们国家一直把"喜闻乐见"作为建筑创作最重要的标准。但是什么是"喜闻乐见"？谁也说不清。实际上，用"喜好"来判断建筑的优劣，就会失去对建筑的客观评价标准，就无法解释建筑历史，也无法解释欧洲人为什么要抛弃他们曾经创造的、非常漂亮的各种历史建筑样式的原因。要知道，无论是"水晶宫"还是"埃菲尔铁塔"在当时的欧洲，都不为文化界的上层所"喜好"。

我每每想起现代建筑和现代建筑的设计原则在中国的遭遇，心中真是"酸、涩、苦、辣、咸"五味俱全，不知道该说些什么了。我有很多朋友是结构专家，他们都非常清楚建筑结构内在的自然规律以及这种规律对建筑的"本质形式"的作用。在结构工程界："结构的形式应追随结构材料的力学性能"是结构设计的基本原则。"建筑的形式应符合结构的合理形式"是他们对建筑形式的基本看法。他们认为，如果建筑形式和结构的合理形式不能一致，将会浪费大量的材料。他们认为："材料决定形式"是一个科学问题，是自然规律，不容置疑；但是这个原则对于中国建筑师来说，却是那样的陌生。我已经不止一次地听见，结构工程师对"一些建筑师不懂结构、不顾及建筑结构的合理性"的抱怨。但是近年来，许多结构工程师告诉我，他们已放弃了追求结构合理的理想，因为他们面对这个世界，没有别的选择。

在对欧洲建筑史的学习中，我们可以清楚地看见欧洲建筑在其发展历程中，建筑形式随着结构进步而发展的历史。我们应该清楚地知道结构进步对建筑的意义。

在对"鸟巢"设计的评价中，我们又遇见了上述情况，反对"鸟巢"设计的多数人都是有着社会责任感的结构专家。不少中国建筑师却认为"鸟巢"设计得很好，因为他们认为，这个设计是满足使用功能的，它的形象前所未有。他们认为："鸟巢"很漂亮，大家喜欢；"鸟巢"采用了钢材，采用了新技术，难道不是现代的吗？即便是那些反对"鸟巢"者，往往也只是因为它的造价过高。但是也有人认为，奥运工程是"面子"，多花点钱，不是什么大问题。有人说："贵是贵了点，但艺术性还是好的。"

至于从建筑的"艺术性"上去批判"鸟巢"者，并不多。之所以会这样，我以为：这是因为几十年来，我们的建筑界从来不敢谈"形式要追随结构材料的天性"是"建筑艺术"的一个重要原则，因为这个原则曾被我国建筑界所批判，但是这个原则与建筑的经济性密切相关，对国民经济的影响实在太大了。

那么究竟什么是"形式追随结构材料的天性"呢？

"形式追随材料"，是西方学者研究人类建筑的起源和演变所得出的科学成果。这里所说的形式是建筑的"本质形式"，即建构的形式。自古以来，人们先选择木材、石料、土坯，后来又用砖、瓦、天然混凝土和绳索、织物等材料来盖房子。世界各民族原生态建筑的形式，都是在当时的技术条件下，基于各民族对所采用材料的力学性能的认识水平，按照他们所想到的建构方式所创造的。这就是说，建筑的形式来源于建构的形式，而建构的形式应符合所选用的建筑材料的力学性能。例如：中国人选用木材作为建筑材料，于是创造了一个符合木材性能的营造方法（建构方式），建筑的形式是由这个营造方法产生的建构形式所决定的。蒙古人选择了织物、绳索、细木材作为建筑材料，根据这些材料的力学性能，他们创造了蒙古包。蒙古包的建筑形式取决于织物、绳索、细木材的力学性能。欧洲人选择石材作为建筑材料，他们创造的各种建筑形式都必须符合石材的力学性能。欧洲人所创造的各种传统建筑形式，都是石材力学性能的合理表达。这就是所谓的"形式追随材料"的含意。

而任何优秀的建筑形式，一定建立在一个优秀的建构方式的基础之上，而这种建构方式一定反映了那个时代人们对建筑材料的力学性能的认识水平。希腊、罗马、拜占庭、哥特、中国古代建筑等无一不是这样。

那么也许有人要问，既然形式追随结构材料，西方人采用同样的石材来盖房子，为什么形式会是多样的呢？那是因为形式除了追随材料的天性之外，同时还要追随建筑的功能和建筑的空间形态，以及适应各地区不同的地域条件，而建筑的"表现形式"还会受到不同的文化观念的影响等等。除此以外，还有一个重要的原因，西方人具有对科学技术的研究传统。随着他们对所用材料的力学性能不断深入的理解，他们在不断创造更符合材料特性的新的建造方式，这就是建筑进步的原因，也是欧洲建筑丰富多彩的原因。历史上，从希腊建筑到罗马建筑的转变，从梁柱结构的表达转变为拱券技术的表达，就是缘于这个原因。哥特建筑的出现更是因为建造者找到了解决大跨度拱券结构屋盖推力的新的建构方式。至于现代建筑出现的原因就更不用多说了。

又有人要问，既然"形式追随材料"，为什么欧洲古代的木构建筑与中国传统木构建筑的形式会不相同呢？因为虽然两者使用的材料相同，但两者的建构方式（木构件之间的联结方式）是不同的，建构方式决定了建筑的本质形式。

历史的经验告诉我们：人们由于各种不同的原因，选择了不同的材料和不同的建构方式，从而创造了建筑不同的本质形式，这就是各民族不同的"传统建筑形式"形成的基本原因。当然不同形式的产生还受到了气候、环境等地理条件和各民族不同的生活方式的影响。

如果你认同西方史学界的上述结论，就可以理解为什么当钢铁、玻璃和钢筋混凝土出现之后，当人们发现这些材料与石材具有完全不同的力学性能时，西方学者坚决主张放弃传统形式（即放弃所谓的罗马样式、希腊样式、哥特样式）的原因了，因为这些样式都是石砌建筑的形式。西方学者要寻找符合新材料（钢铁、玻璃和钢筋混凝土）的新的表现形式，因为任何结构材料都是有着自身的合理形式的。只有在这种形式中，材料才有可能发挥出其力学性能，也只有找到了这种形式，我们才能做到以最少的材料获得"最大的承载力"和"覆盖最大的空间"，以达到节约资源的目的。

勒·杜克所理想的 19 世纪建筑应"具有哥特建筑的艺术原则"，就是"哥特建筑的结构性"和"形式追随材料天性"的原则。也就是说，勒·杜克希望像哥特建筑符合石材力学性能一样，创造新的建筑形式去符合新材料的力学特性。这就是欧洲人对传统的继承和创新的基本观点。他们要继承的是"建筑艺术原则"而不是表现形式（样式）。这是与中国的许多人，把继承中国传统建筑文化看作"继承中国传统建筑样式"的看法根本不同，或者说是完全相反的。

现在我们回到"鸟巢"艺术性问题的讨论上来。艾未未是艺术家，所以他知道建筑艺术的理性原则，称赞"鸟巢"的艺术性在于："'鸟巢'从理性到感性是一体化的，它的外观就是它的结构本身"。他说，"鸟巢实际上是理性分析的结果，之后被误解为描绘鸟巢的形状"。艾未未也非常清楚：把奥体主场馆称为"鸟巢"是无稽之谈。艾未未非常害怕把"鸟巢"的设计当作是一个形式主义的作品。但是，艾未未毕竟不是建筑师，这是一个他所"不熟悉"的领域，所以他的言论就不足为信了。"鸟巢"艺术性存在的问题，实际上就是因为它的设计没有遵循"形式追随材料天性"的原则。

那么钢材的天性是什么呢？钢材是一种受拉性能特别好的材料；其受压性能由于受到"稳定性"的制约，并不很好，只能在一定的限制条件下被使用；而其"受弯性能"也是不很好的，在钢梁的断面中，只有一部分材料可以完全发挥出材料的价值，所以适用于钢梁的跨度是有限的。但是，在"鸟巢"的设计中，设计者采用了"刚性框架群"来建造，就是采用箱形断面的"交叉梁系"，来建造如此大跨度的屋盖系统，显然犯了严重的错误。这种错误反映的是设计者在运用结构材料"技艺"上的拙劣水平，这种水平本来就是建筑艺术性的反映；因为历史上的所有优秀建筑都应该是巧妙运用材料的典范。

川口卫先生在批评"鸟巢"的文章中，他所提出的"空间轴力杆件系统"的结构方案，正是大跨度钢结构应该采用的合理形式之一。在这个形式中，钢材只用其受拉或者受压的性能，材料特性可以得到尽可能充分的发挥，因此可以节约大量的钢材。而弗兰姆普敦对"鸟巢"的批评也是针对其在使用钢材上的"肆无忌惮"的态度。因为弗兰姆普敦非常理解什么是建筑艺术的创作原则。

"鸟巢"是一个非常典型的案例，它为我们上了一堂生动的关于"什么是建筑艺术原则"的课。借此案例，我们清楚地看见，如果形式不去追随建筑材料的天性，那么就会浪费大量的物质财富，这就是"形式为什么要追随材料"的社会意义。

关于"形式与材料"的关系问题，西方建筑界有很多研究，图1、

图2和图4就是用来说明这种关系的图示。在图1中，从左至右绘制了四种柱子，依次为：砖柱、混凝土柱、钢柱和用超高强度钢材制作的柱子。我们从图中可以清楚地看见，当承受同样的荷载时，随着材料的抗压强度的提高，柱子的断面依次变小。但是，在钢材的强度达到超高强度时，柱子的断面已经不再会因钢材的强度提高而相应减小了，其断面大小是由柱子的"长细比"决定的。换言之，在用超高强度钢材制作的柱子中，材料的性能有所浪费。

在图2中，从左至右绘制了用四种不同材料制作的拉杆，依次为：木材、3号钢、5号钢及超高强度钢材。我们从图中也可以清楚地看见，随着材料抗拉强度的提高，拉杆的断面依次变细。钢材的强度在拉杆中可以得到充分的发挥。

图4绘制的是：对应于两类不同力学性能的结构材料，所采用的两类不同的建筑形式。上图绘制的是传统的石构建筑的表现形式，在这里石材是受压材料。下图绘制的是现代建筑的新的形式，在这里钢材作为受拉材料出现在建筑中。这种新的建筑形式是将受拉的钢材与受压的混凝土，按其各自不同的力学性能，合理地使用，以达到最为经济的效果。图4告诉我们的是"建筑形式与材料的关系"。这就是现代主义的建筑理论"形式追随材料的天性"的根据。

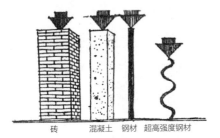

1. 不同材料压力荷载下的形式比较

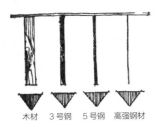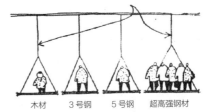

2. 不同材料拉力作用下的形式比较

3. 人类随着对石材性能愈来愈了解，石柱的断面愈做愈细

4. 不同结构材料所对应的不同建筑形式

下面我们再来看一下西方工程界对大跨度空间结构屋盖形式的研究成果。图5所绘制的各种屋面形式都是双曲抛物面的。在这种形式中，材料用量最省，最能充分发挥材料的力学性能。各种壳体和悬索屋面大多采用这样的形式。从20世纪30、40年代起，西方就这样来设计工程了。但是在中国的今天，这套理论却行不通了。

我遇见的许多建筑师，他们甚至连上述"常识"都毫无所知，就去创新；他们自以为是"艺术家"，在设计大跨度屋盖时，他们的工作方法往往是凭所谓"感觉"，用电脑去描绘他"自以为美"的屋面的空间曲面，对待资源的浪费采取了"肆无忌惮"的态度；而我们的一些结构

5. 大跨度空间结构屋盖形式的研究

专家也已经完全商业化，只要有钱挣，什么都愿干。更有甚者，某些设计人还故意要提高工程造价，以谋取更高的设计费。近年来在政府工程中，此类现象层出不穷，每平方米用钢量超过 200 公斤的建筑已不在少数。

那么他们这样设计出来的建筑真的很美吗？虚假的视觉冲击有艺术性吗？在我看来，这些建筑不仅不美，而且很丑，因为形式背后是拙劣的虚假技巧。而那些业外人士往往被建筑的虚张声势所欺骗。

为了进一步说明上述问题，我们再来看一下桥梁工程。大家知道：当桥梁采用石料时，如果桥孔的跨度很小，桥可以设计成梁式桥，苏州园林中就有很多这样的石板桥。当桥孔跨度变大时，可以设计成石拱桥，赵州桥就是石拱桥。当桥梁采用钢材来建造时，桥墩之间的距离可以变得很大，以适应航运的要求。为了达到桥孔的特大跨度，则应该采用斜拉桥；若跨度还要加大，则必须采用悬索桥。桥梁的结构形式决定于"桥梁的跨度、功能和桥梁所选用的材料"。

20 世纪以来，现代主义的建筑师们与结构工程师们共同努力，创造了无数的优秀工程。下面这个漂亮的公路桥（图 6），就是一个说明什

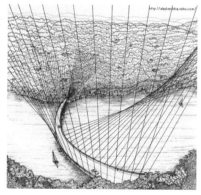

6. 美国 Ruck 桥

么是"技术美"、什么是"形式追随材料"、"形式追随功能"的绝好的例子。

这个桥是由美籍华裔工程师林同炎先生所设计的 Ruck 桥。该桥曾在 1979 年参加美国的"进步建筑艺术奖"（Progressive Architecture）评比，获得首奖。林先生为此十分自豪，他说："在美国，建筑师的地位极高，我作为工程师设计的桥梁的艺术性能战胜当年所有建筑师的作品，是一件非常不容易的事。"

Ruck 桥，位于美国加州的奥本坝水库上，跨越美利坚河。该桥两端连接着高速公路，为了让车辆在行进中不减速，桥的平面设计成曲线，曲率半径为 457.2 米。桥位于两座高山的峡谷之间，桥长 1330 英尺（405.38 米），中间没有一个桥墩（峡谷太深，无法建桥墩）。这是一座斜拉桥。众多的钢索形成双曲面。我曾经听过林先生介绍桥的设计。他说："一个斜拉曲线桥的设计是一个十分复杂的问题。为了简化设计，也是为了节省材料，我在布置斜拉钢索时，使得桥的任何一个横截面上受到的钢索拉力的合力方向，就是该截面的法线方向。""这样一来，这个曲线桥的设计就和直线桥的设计一样简单了。"

呵！这是一个多么美妙的构思啊！该桥的一切，包括桥型到每一根钢索的定位，全是由汽车车速以及钢索的力学性能所决定的。而正因为这一切都是来自客观，所以这个桥的形式完全是科学推导的结果。因为科学的规律就是自然规律，所以这座桥就像上帝所造。宛如天作，美丽之极。

桥后来因种种原因未被建造，但该桥一直被公认为力学与美学结合的典范作品，被称为"最著名的未建成的桥梁"。1986 年，里根总统将美国国家最高科学奖——"国家科学奖"颁发给林同炎先生。奖状的赞词写道："他是工程师，教师和作家。他的科学分析、技术创新和富于想象力的设计，不仅跨越了科学与艺术的壕沟，还打破了技术与社会的隔阂。"

今天我把这个桥的设计推荐给中国的建筑师，也是为了说明现代设计的原理："形式追随功能"、"形式追随材料"。

柯布西耶在《走向新建筑》一书中，曾有一节"向工程师学习"。不知大家读后有何想法？我以为，在当今中国建筑追逐标新立异之际，最为重要的事，是应回归建筑的本质，向工程师学习。只有这样，我们才能跨越技术与艺术的壕沟，创造中国的现代建筑。

2012.02.11

走向公共生活的建筑

文／苏娅

　　记者苏娅于 2012 年 12 月 6 日《第一财经日报》上发表了对我的一次采访，题目是《走向公共生活的建筑》。采访的起因是：去年民众对新建的"生命之环"争论不已。有人反对其标新立异和浪费社会资源，有人认为这是创新。主张这是创新者，举出埃菲尔铁塔来佐证其合理性，认为埃菲尔铁塔在建造时也曾遭到很多人的反对，所以不必反对"生命之环"的建造，认为这是建筑艺术的创新之举。记者希望我谈谈对此问题的看法。下面是苏娅的采访报导全文。报导中所谈的有些问题，我过去从未谈过，但这些问题关乎于我们如何来理解建筑创新问题。所以借此新书出版，我将苏娅所写原文附上，文中所谈观点虽不系统，但的确是我的想法，它涉及到建筑文化的批评问题。

季元振 2013-5-7

[我们对建筑的批评更多是主观性批评，喜欢或不喜欢、丑或美，而没有涉及建筑的文化批评和技术批评]

"标志性建筑需要回答两个问题：从历史价值层面讲，其文化意涵代表的时代精神是什么，从建筑学层面而言，有何种革命性成果。"国家一级注册建筑师、清华大学建筑设计院教授级建筑师季元振在接受记者采访时，针对"城市标志性建筑"首先提出上述命题。在其专著《建筑是什么：关于当今中国建筑的思考》中，季元振对近年来普遍存在于中国建筑界的问题进行解析，其建筑批评的缘起由长期建筑设计、工程实施和教学实践出发，透过对建筑思想史的梳理与解析，对实践中产生的丰富问题进行探究和回应，提出"科学的、人民的、推动文化发展的"建筑价值观。

建筑的现实性

第一财经日报：谈论形式奇异的建筑时，对其持肯定态度的人会引用"埃菲尔铁搭"这个例子。"埃菲尔铁塔"能否作为形式奇异之建筑最终进入历史的正当案例，为什么？

季元振：埃菲尔铁塔为什么能被历史承认，它有两个意义：一个政治的意义是纪念法国资产阶级革命一百周年，是一个纪念碑。历史已有定论，法国大革命是最彻底的资产阶级革命，如果我们肯定这场革命，就需要肯定这个纪念碑。埃菲尔铁塔本质意义上不是建筑，它没有建筑的功能，同样"生命之环"也不是建筑，如果把它当作艺术品来审视其价值，则需要回答一个命题："生命之环"究竟代表什么？有什么文化意义？

另外埃菲尔铁塔还具有建筑革命的意义，代表了未来建筑向当时落后的建筑思想的挑战。埃菲尔铁塔的胜利，恰恰不是形式上的胜利，而是新的建筑思想的胜利，是建筑告别"砖石结构"时代向"钢结构"时代推进的里程碑。它所蕴涵的建筑思想的可贵之处在于——它的结构形式符合高层建筑结构受力特征，因而实现了在当时技术标准下的、在最少耗材前提下，实现这一高度的最合理的建筑形式，是建筑形式与结构形式的完美结合。这种结合是 20 世纪现代主义建筑设计的重要思想。

标志性建筑本身应该是优秀的建筑。它有合理功能、先进的建造技术以及丰富的文化意涵。例如美国的圣路易斯大拱门，是纪念美国西部大开发的纪念碑，同时它是有功能价值的，它上面可以俯瞰城市，下面有博物馆。圣路易斯大拱门高 190 米，跨度 190 米，最省材料地跨越如此距离，是最合理的形式。它不仅形式完美，非常漂亮，同时也是科技的胜利。而"生命之环"既缺乏明确的纪念意涵，也没有建筑材料或技术发展上的意义。

第一财经日报：建筑的标新立异，根植于怎样的文化价值观？具体到中国，对形式的追求，对应的是一种什么心理？

季元振：中国的建筑在过去是不可能标新立异的，西方城市标新立异的建筑其实也不多。标新立异建筑的出现与"商业文化"有关，到了国内又与"官场文化"结合，这两种文化捆在一起，让怪异建筑畅行无阻。

在这样的语境中，建筑仍然是异化的。我们需要回到"什么是好的标志性建筑"这一问题：标志性建筑在城市历史中是有意义的，它代表了一个城市一个社会的价值观。在今天的中国，在建造城市的标志性建筑时，我们首先应该回答以下问题：我们处在一个怎样的时代？我们的建筑要具有什么样的标志性？为什么要建？我们的投资从哪里来？

理解建筑

第一财经日报：批评的声音一直都有，但建筑的价值观和建筑行为却永远是"两张皮"，互不理睬。就建筑批评而言，失效或失去意义的根源是什么？

季元振：争论的双方在讨论问题时，往往都是从形式到形式，双方都把建筑视为形式问题、喜好问题，主观性的问题是无法讨论的，我们对建筑的批评更多是主观性批评，喜欢或不喜欢、丑或美，而没有涉及建筑的文化批评和技术批评，争论双方都在谈个人喜好，而建筑问题最难的是我们对建筑的理解。另一方面，民间的批评有的也非常中肯，但往往得不到掌握建筑命运的官方的支持。

第一财经日报：追求建筑形式，认识不到建筑形式和建筑功能之间相互依存的关系，是否能从对建筑的认知中找到解释这一现象的逻辑？

季元振：建筑回归功能是理性建筑观的核心思想。"形式追随功能"这是西方现代建筑界普遍认同的价值观，是现代主义的思想核心之一，现代主义革命的源头发生在 19 世纪下半叶，中国没有经历过这一场思想革命的涤荡。

我们对建筑的认识延续着几千年累积下来的观念，中国的传统建筑类型中缺少功能复杂的单体建筑。这是因为中国传统封建社会缺乏社会性的公共生活，往往以家族为中心。中国传统的家族祠堂、庙宇、族群的建筑院落，乃至庙堂和帝王官殿虽然丰富多彩，但是在单体形制上相对较为单一，与西方建筑很不相同。

中国的传统建筑在解决复杂功能问题时，主要是通过规划的手法，将简单的单体组织成院落，很少在单体建筑上做文章。

欧洲人的历史很大一部分在公共空间中完成，是公共的生活，比如，罗马时代已经有斗兽场这样的公共单体建筑了，后来的教堂、法庭、市集，这些单体建筑需要具备复杂功能，设计斗兽场的建筑师需要有怎样的思维？最基本的需要考虑清楚建筑的功能、流线（观众走哪儿、角斗士走哪儿）以及观众的视线等。

复杂功能的建筑在中国的传统建筑中从未出现过，造成很多中国人没有认识到形式和功能的关系。中国建筑在封建社会等级上有严格的规定。同时由于中国传统木结构建筑的过早定型，也阻碍了建筑技术的进步。这样的建筑观念给民众理解建筑造成一些问题：一是在某些人眼里建筑成了身份和等级的象征。二是很少从功能和建造技术方面去思考建筑形式的改变问题。三是许多人把建筑形式和功能问题割裂开来，脱离功能去孤立地讨论建筑的形式问题。

第一财经日报：历史需要新建筑，新和旧的并置中城市的文脉要不要考虑？如何考虑？

季元振：文脉是一个建筑与周围建筑的关系。大意是这样的：一个建筑的产生要与其周边的建筑发生关系，要能够镶嵌进既有的建筑中，发生对话关系，文脉靠什么实现？和谐的建筑关系不一定要求所有的建筑是同一种风格，重要的是处理好相邻建筑的尺度、体量、色彩、比例等关系，而且在设计和建造水平上都是高质量的，不同风格的建筑是可以和谐共处的。到了一个高度才能对话，水平参差的事物放到一起，发生关系，只会产生滑稽效果。

建筑的最高境界是"多样、统一"，只有"统一"就不生动了，"多样、统一"就靠文脉来实现。圣马可广场，被誉为"欧洲的客厅"，世界公认的最好的广场，陈志华先生的文章有过精辟分析。不同风格、不同时代建造的三个建筑和谐相处，在此"建筑风格"只是谈论建筑时的标签，而建筑间的关系是否和谐则依靠建筑的内在语言。

还有一个例子，贝聿铭事务所设计的波士顿汉考克大厦，与波士顿圣三一教堂一街之隔，这是建筑上的一个很有名的例子。设计师是怎么处理的？设计师说："我要让它消失。"他用浅灰蓝色的镜面玻璃来降低建筑视觉上的体量，通过镜面随天气变化出现的深浅明暗和教堂倒映在大厦墙壁上的影像产生丰富的视觉体验。不同风格的建筑放在一起所产生和谐的关系，就像两个风格不同，但演技相当的杰出演员同台，懂得自我抑制是关键，这样才能相互激发，把对方最好的戏调动出来而丝毫不抢戏，如果有一方抢戏，说明他的演技还不够纯熟。

从两个有意思的设计谈起

爱德华多·托罗华（Eduardo Torroja），西班牙人，国际上伟大的结构工程师之一。肯尼思·弗兰姆普敦（Kenneth Frampton）在《建构文化研究》一书中，提及了一大批在 20 世纪曾对建筑发展作出了创造性贡献的工程师，其中就有他。

下面我介绍他设计的两个工程，从他的设计中我们可以加深对现代建筑设计的理解。托罗华与众所周知的意大利建筑师 P.L. 奈尔维（Pier Luigi Nervi）一样，把毕生精力都献身于现代技术的艺术表现，寻求"建筑美"的真谛。

他一生设计了众多的建筑工程，下面介绍的只是两个不大的、很有意思的设计。

一个是他在 1933 年设计的马德里大学城的有轨电车车站。车站不大，跨度 44 英尺。矩形平面，电车从中穿过，旁边安排有座椅供候车人坐。车站采用的是现浇钢筋混凝土的"门式刚架"结构，屋面和墙体也采用钢筋混凝土制作，与梁和柱现浇在一起。图1为该车站的横剖面，图2是该门式刚架结构在垂直荷载作用下的"弯矩图"。

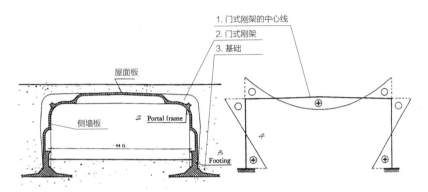

1. 车站的横剖面　　　　　　　　　　2. 门式刚架结构在垂直荷载作用下的"弯矩图"

在横梁的跨中部位，屋面板布置在梁的顶部；在梁的两端，屋面板布置在梁的下部。外墙与刚架立柱的关系是这样的：在柱子的上部，墙板放在柱子的内侧；在柱子的下部，墙板放在柱子的外侧。这样的结构布置使得柱、梁、顶板和墙围合成了丰富的室内空间。空间的变化与电车和乘客对空间尺度的需求完全一致。建筑的外部形式新颖、轻巧又漂亮。

但是如果仅仅如此，这个建筑的设计仍然不能被称为是十分优秀的，这个设计的真正巧妙之处在于：形成丰富的室内空间的顶板和墙板的布置，完全出于结构经济性的考虑。

大家知道，在钢筋混凝土的T形截面的"受弯构件"中，翼缘应放置在受压区，这样用钢量最省。托罗华正是利用了这个原理，按照该结构的弯矩图来布置顶板与墙板。在这个设计里，托罗华所创造的艺术形式追随了既有功能、又有材料的天性。该建筑做到了"功能"、"技术"、"经济"与"美"的完美无瑕的统一。

当今天中国的建筑师和工程师们了解了这个电车站的设计后，不知道他们会怎样想？

也许有人会很吃惊，他们会问："难道在建筑设计中，真的要这样去思考问题吗？我怎么从来不知道？"其实，这种疑问的提出并不奇怪，因为在中国建筑界和中国建筑教育界，几乎没有人这样来对建筑形式进行思考，更不要说去"创造"了。

自中国有建筑学这个专业以来，中国建筑教育界长期被学院派的建筑思想所统治。从建筑教育到建筑评论，一贯如此。"建筑文化论"是中国建筑界的"正统"。"建筑技术"一直被建筑系的许多先生所不齿，认为技术是工匠的事，登不上艺术殿堂。他们认为"技术"是为艺术服务的，而从不真正相信密斯的名言"技术达到完美，就升华为艺术"。也正因为如此，中国建筑师们总体的技术水平不高。近年来，追求建筑标新立异之风盛行，一些建筑师对工程技术的无知和愚昧，已经造成了大量资源被挥霍。

而中国一般的结构工程师们，又从来不受建筑艺术的熏陶，认为"美"是建筑师的事，与己无关。近十年以来，随着建筑设计的"商业化"，更无人去追求结构工程的精益求精了。在上述工程中，托罗华在设计"钢筋混凝土受弯构件"时，利用"翼缘"中混凝土强度的设计方法，在今天的中国结构工程师中，几乎无人再采用了，因为这样做设计太麻烦，钢筋用量的节约已不再成为设计的目标。

下面我们再来看托罗华所设计的另一项工程，1935年建造的雷索莱多斯回力球场（Fronton Roce Le Tos）。

回力球赛是在一个狭长形投球场地上进行的。它是由前墙、侧墙和回弹墙所组成（图3），观众席位于面向侧墙的敞开的一侧（图4）。

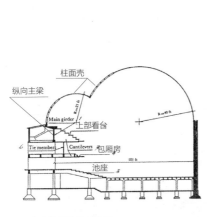

3. 回力球赛场结构示意图

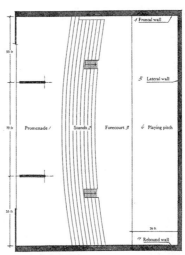

4. 观众席平面图

雷索莱多斯回力球场的下层观众席位数量，一度是世界上此类回力球场中最多的一个，但这个"纪录"并不引起人们注意；而其屋盖系统却十分引人注目。

球场大厅的顶盖支承在一根纵向主梁（跨度22米、梁高3.5米）的"上翼缘"上。纵向主梁下悬挂着包厢层的结构（Box Balcony），这样就取消了支承包厢层结构的柱子，使得在首层观众席和休息廊上的观众，在观看比赛时，视线不受柱子的遮挡。

为了给球场和观众席提供良好的天光，屋面需要提供两层朝北的天窗。一层为球场采光，一层为观众席采光。天窗的倾角由日照角度所确定。

为了实现上述要求，该球场的屋盖设计可采用如图5所示的三个方案：即 a. 横向桁架梁方案。b. 纵向桁架梁方案。c. 柱面壳体方案。

通过比较，托罗华最终选择了柱面壳体的方案。这个方案室内空间效果最好，材料用量最省。壳体屋面总宽度32.6米、总长度54.9米，壳体厚度仅为7.9厘米，局部加厚至15.9厘米。天窗区由钢筋混凝土三

a. 横向桁架   b. 纵向桁架   c. 柱面壳体方案

5. 通过比较，托罗华最终选择了柱面壳体的方案。

角形网格组成。该工程在 90 天内完成了结构的施工。

这个建筑是 77 年前设计的，那时候计算机尚未出现，这个屋盖的设计计算工作极为复杂，为了弥补计算能力的不足，托罗华通过小比例尺的结构模拟实验，完成了设计工作。

对于雷索莱多斯回力球场的设计，应该引起我们多方面的思考：

1. 建筑的形式与功能的关系？

2. 建筑的形式与建筑材料和结构形式的关系？

3. 建筑师与工程师之间应该如何配合工作？

4. 托罗华为什么不选择图 5 中的 a 方案？要知道这一方案比实施的 c 方案的技术难度要小得多，而且没有风险。是什么力量使得托罗华知难而进的？

5. 什么是建筑艺术？建筑技术与艺术的关系究竟是什么？

6. 中国的建筑教育中，存在什么问题？等等。

每次解读上述这些西方的建筑名作时，我都会想到这些类似的问题。我总是十分感慨，与西方建筑界相比，我们的差距实在太大。我国的建筑设计水平什么时候才会真正地有所提高呢？

近10年以来，随着设计工作的商业化，建筑与结构专业之间的分离现象日趋严重。这种分离所造成的结果就是将"建筑技术"与"建筑艺术"分离。而这种"分离"所产生的恶果，就是我们建设了大量的没有"艺术性"的建筑，造成了大量财富的浪费！

当今中国的许多设计单位，做建筑方案时，往往是建筑师"独往独来"，结构工程师的任务似乎就是为了实现建筑师的构想。表面看来，这个方法似乎并不错，但是因为建筑工程是一个复杂的综合体，这是存在问题的。由于专业工程师的过晚介入工程，建筑设计方案所造成大量社会资源浪费的现象，已经不可避免了。

大约是在十几年以前，瑞典皇家建筑学院与清华大学建筑学院进行教学合作，任务是由学生来完成北京和斯德哥尔摩两块用地的规划和建筑方案的设计。瑞方提出的合作模式是：中瑞双方各派出等量的学生参加设计工作，在派出的学生中，建筑专业与结构专业的学生各占百分之五十。清华因体制问题，不能接受瑞方设想。

又十几年过去了，我们的建筑教育者理解了瑞方的教育思想了吗？

前些日子，我遇见了一位台湾建筑师，他告诉我，台湾著名建筑师高尔潘先生曾经说过："在日本，建筑师与结构工程师在工程中是这样配合工作的：建筑师考虑结构问题，结构工程师考虑建筑问题。"高先生曾经在日本的佐藤武夫事务所和前川国男事务所工作过，这是他向日本建筑界学习的心得。关于高先生所言，我十分相信；因为如果不是这样工作的话，像代代木体育场馆这样的设计，怎么可能诞生呢？但是如果建筑师要达到在工程中，能与结构工程师做技术上的交流，建筑师不下大功夫，根本是不可能的。我相信，如果要做到这一点，只能从建筑教育入手了。

改革开放以来，中国大陆也派出了大量的留学生到国外又回国，但又有几人真正融入了国外的建筑设计事务所的工作，真正掌握了现代建筑的设计思想和设计方法了呢？对此，我深表怀疑。

资料来源

《THE STUCTURES OF EDUARDO TORRJA》 by Eduardo Torroja F.W.Dodgo Corporation，New York

2012.02.19

奶茶、汽车、房子

最近媒体报道一条新闻，在食品打假中发现一种奶茶，其色泽、口感与奶茶并无差异，只是一经化验，发现其中既无奶、也无茶，该饮料全由化学制品调制而成，因便宜而畅销，于是真的奶茶反倒失去了市场。真是"假作真时真亦假"。

其实何止奶茶如此，世上的事情大多如此，光鲜亮丽的背后被隐藏着的才是实质。对于实质，外行往往是弄不清楚的，只有科学才能揭开其本质。

卖奶茶是这样，卖汽车也是这样。前几天听广播介绍，某些汽车商在普通轿车的汽车外壳上，改装上某些运动型汽车的专用部件，当作运动型汽车来推销，虽然许多中国人也知道，这种改装对改善汽车的性能是没有用处的，但是他们还是愿意买这样的车，以为这样的汽车漂亮。但是在行家眼里，这种改装不伦不类，更不美。

对汽车的要求无非是要其动力性能好、安全性能好、驾驶性能好、驾乘者舒适性能好。图个外形漂亮当然也重要，但什么是漂亮呢？各人有各人的理解，无法有统一的标准。汽车已有一百多年的历史，其外形的演变也是随着车速的提高、制造工艺的进步和驾乘者舒适性的改善而发展变化的。汽车外形的差异多是因为其设计思想的差异，这种差异来自于对其驾乘性能、安全性能、舒适性能的不同认识和不同的价值取向以及对制造成本的考量。

德国人的汽车制造得好，这是因为德国人的科学精神好。我相信德国车如果不是为"运动型"设计的，就绝不会无缘无故地去披上一件"运动型"的外衣。德国人受到康德哲学的影响，从来把"合目的性"作为一切行为的准则。在建筑中，这个准则正如同德国建筑大师辛克尔所说的那样：建筑的平面、空间和装饰都要符合建造的目标。

德国人不仅汽车造得好，房子也盖得好。到德国去走一走，建筑平和而不张扬，城市统一而又有变化，建筑的细节精致而讲究，选料考究做工精良。现在有些中国的房地产商为了提高房子的品牌，也是为了寻找"卖点"，门窗和五金包括水龙头都要德国的"原装"。这些产品不仅经久耐用而且漂亮，真应了密斯的那一句名言，"技术达到完美就升华成了艺术"。这就是德国人对建筑艺术的理解，这种理解与他们对汽车艺术的理解大约不会相差太远。正是他们的这种理性的传统，才造就了格罗皮乌斯和密斯，对 20 世纪的世界建筑作出了重大的贡献。

宝马公司不仅汽车造得好，公司总部的建筑也造得好（图1）。这栋大楼建于 1972 年，其设计与宝马汽车一样是真正的创造。其垂直交通核是由 4 个钢筋混凝土筒体组合而成，承受着整个大楼的垂直荷载，充分发挥了混凝土的抗压性能。筒体顶部布置有桁架，在桁架端部设计有 4 个吊索的锁紧装置，通过吊索分别吊挂布置在第十二层的另外四组

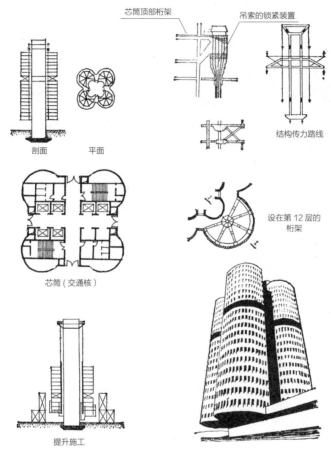

芯筒顶部桁架 吊索的锁紧装置

结构传力路线

剖面 平面

设在第 12 层的桁架

芯筒（交通核）

提升施工

1. 联邦德国慕尼黑 BMW 公司办公大楼,1972 年

图片来源：虞季森《大中跨建筑结构体系及选型》

桁架，利用这四组桁架承担布置在交通核四周的 4 个 19 层的圆柱形的办公室的全部重量。或者说，办公室的全部重量通过吊索传至屋顶桁架，最后通过钢筋混凝土筒体传至基础。更加巧妙的是，这些吊索在施工阶段竟然成了起重设备，把高层建筑的施工变成在地面上进行。

这个设计将功能、结构、建造与美完美地结合为一个不可分离的整体，这里的一切都是真实的，体现的是德国人制造业的文化。这里只有科学和技术之美，没有任何虚伪和做作。

宝马总部的设计因为名气很大，中国建筑师开始效仿，我在国内起码已经看见过两栋这样的高层建筑，其标准层的平面外形向该楼摹仿，而该楼设计的精华全被抹杀。这就像很多"中国制造"，只有漂亮的包装，而没有技术的内涵。更有甚者像前文提到的"奶茶"，漂亮的外衣下包裹着腐败的躯体。如果这样来发展制造业（包括建筑业），那将是十分危险的。

"反对作假"现已经成为了德国人的民族精神。前些日子德国某大人物要升官但不能成功，只因为发现他几十年前在大学生时代的论文有假，为了这么一点小事，居然引起两百名德国教授的不依不饶，弄得这位官员狼狈不堪。这是一个多么可敬的民族。

参考书目

虞季森 . 大中跨建筑结构体系及选型 . 中国建筑工业出版社，1990

2011.11.06

作假

不知从什么时候开始，"诚信"出了问题，"作假"成了一种风气。记得年轻时，我们受到的教育是："说老实话、办老实事、做老实人"。虽然当时"假、大、空"盛行，但那往往只是在官场中的事，在学术界、工程界，在知识分子和一般百姓之中，"诚实"仍然被人们看作是一种美德，被当作是做人的道德"底线"。

还是不知从什么时候开始，社会舆论悄然变化，好像"不说假话"就无法在这个社会中生存。有部热播的电影《手机》，似乎就在讲述这样的故事，它告诉我们，"有一说一"是一件几乎不可能的事情。如果确实如此，"作假"就不再会被社会舆论所谴责，因为"作假"已经成了人们生存的手段。前些日子因为工作的关系，我去了国家会计学院，培训国家高级会计人才的最高学府。朱镕基总理对该校有个题词，叫"不做假账"，现在这四个字已经成为这个学校的"校训"。"不做假账"居然成了校训，它与"厚德载物、自强不息"有着天渊之别，可见社会道德之现状。

当社会处在从理想主义向实用主义转变的年代里，在利益的驱动下，"不择手段"就自然成了人们所追捧的品格！记得还是在不久的过去，我还不止一次地、对别人信誓旦旦地夸下海口说："我从来不做违心的事，也从来不说假话。"但是，现在我已经开始失去了这样的自信，因为在现实的生活之中，为了生存，我们已经堕落到不能不"作假"。

"作假"在我工作的建筑领域无处不见，它像一种瘟疫在基本建设的每一个环节里蔓延。几天前一位建筑系的学生告诉我，现在的学生课余之后已经不再读书了，他们都在做设计挣钱。"你们都做些什么设计呢？"他的回答使我大吃一惊，他说："帮着老师或者某个设计院做方案或者画图，对这些设计，并不要求你做得好，只要画出来就有钱拿，所以钱挣得容易。"

善良的人们也许不会理解，天下哪有这样的好事？做设计竟然不要质量！其实这就是所谓的"围标"。"围标"是实行设计和施工招标之后出现的"新生事物"，是设计单位与施工单位为了保护自身利益的一种手段。参加围标的几家单位，首先约定让谁家中标，其他几家方案不要做得好，用这样的方法去确保一家的脱颖而出。有个朋友告诉我，有家施工单位，他们通过围标，向中标单位索取费用，日子过得有滋有味。"作假"的门道到处都是，不用我说，你也许比我知道得更多。

许多人现在不仅对"作假"习以为常，而且把不愿造假的人视为傻瓜，批评这些人"不明事理"、"木鱼脑瓜"！这种把"真实"掩盖起来而以为是"美"的现象，实在是值得研究的，因为当一个社会不以"真实"为美时，真理就不再存在。

在这样一个为了目的可以不择手段的社会里，凡是敢于作假者就容易获得利益，因为作假成本太低。这种风气已经从商界进入官场转而杀入学界，无孔不入。

在一切都可以造假，一切都可以不择手段的风气下，建筑设计界的某些人，也已经不在乎在建筑形式上的"作假"现象了。就拿建筑美这个问题来说吧，我在《尤金·艾曼努埃尔·维奥莱·勒·杜克和他的结构理性主义》一文中，曾经介绍了19世纪欧洲建筑界的情况，他们把建筑美视为是"真理"，他们认为建筑艺术存在于它的艺术形式真实地反映它内部的使用空间和建造手段（材料、结构和构造）之中。但是要做到这点实在太难了，本事又不够，怎么办？干脆用一个投机取巧的办法，那就是"包装"。

朋友，我现在教你一个怎样做建筑设计的方法吧，否则你挣钱太辛苦。只要你肯放弃良心，放弃把建筑美视为是"真理"的理想，放弃"本质形式"与"艺术形式"之间的"相得益彰"，"漂亮"那还不简单！同样的只要你肯放弃良心，不要把业主的钱当作是钱，随便去花，就像CCTV新楼那样，把建筑当作雕塑，这样做，你不仅可以挣到钱，而且还因为你是"造型艺术家"而名利双收，岂不美哉！

"作假"这种现象在建筑历史上古已有之。种种复兴主义都伴随着"作假"。其实19世纪一批建筑学者做的事情也只有一件，那就是追求"真实"，反对"作假"。他们反对为了视觉上的愉悦，而背离其建造的真实。因为无论是希腊建筑还是哥特建筑（还有中国的古代建筑），它们的艺术表现形式都是其使用材料所采用的结构方式的正确表达。也正是为了追求其艺术表现形式和其本质形式这种"相得益彰"的关系，所以建筑界的先知们主张：当材料进步之时，必须改变其艺术的表现形式，因为这是那些学者们在研究传统建筑中产生的信仰。

　　这种信仰是否正确？如果建筑的艺术表现形式和其本质形式相"背离"，究竟有什么不好？为什么不好？的确，圣彼得大教堂就存在这种背离；19世纪的火车站，如伦敦的潘克诺斯火车站就是这样的设计（图1~3），前面是哥特复兴的板式建筑，背后是铸铁柱子举起的金属屋架，覆盖着玻璃的屋面；北京西客站也是这样的设计。为什么勒·杜克他们要对这类设计进行猛烈的抨击？

　　其实在那个时代的建筑理论并非只有勒·杜克一家，他是少数派，真正强大的理论是所谓的"学院派"，这些人把精通古罗马的五种柱式和各种古代建筑的立面设计，视为建筑师能力的表现，但是他们也处在苦恼之中，因为在工程的实践中，这种表里不一，造成了功能的不合理以及结构、构造的困难和投资的增加。水晶宫的建设使那些有社会责任感的建筑理论家们感到了希望，那时的社会已经开始被资产阶级所控制，资本家从投资的最大利益出发，也反对火车站那样的设计，因为那时不仅火车站，连工厂也要做一个古典式的立面，这需要多花很多钱。

　　阿诺尔德·维特克（Arnold Whittck）在《20世纪的欧洲建筑》一书中，曾经举例说明了当时在英国的情况，他说，在钢结构出现之后，人们试图用钢结构去建古典式样的建筑，但是感到困难的是，如果不改变古典的砖石结构的立面，钢结构承受不了那沉重的"荷载"，所以建筑师们不得不减少立面的起伏，减薄墙体的厚度，这就是"净化建筑"的开始。书中指名道姓地指出了第一栋这样的建筑是伦敦哪条街上的哪栋房子，阿诺尔德从经济的角度阐述了建筑艺术的演变。艺术的背后是建筑的伦理，艺术理论的背后反映的是社会的需求。今天我们之所以要反对"作假"的标新立异的建筑思潮，固然有艺术观点之争，更重要的是对投资的有效性之争，是如何将纳税人的钱为纳税人服务之争。

1. 伦敦潘克诺斯火车站正面　　　　　　　　2. 伦敦潘克诺斯火车站内部

3. 伦敦的潘克诺斯火车站月台

图片来源：作者自摄

读到这里，我相信你应该已经明白了，上述发生在 19 世纪建筑理论上的争论，表面上看是对艺术之争，实际上这种争论的答案已经不可能再从艺术理论的本身去寻找了。因为任何艺术理论必须在艺术实践中去接受检验。艺术理论的正确与否只有社会才有审判权。学院派的理论被打倒的根本原因，并不是靠勒·杜克的几本书的说服力和他的一个方案设计，而是因为他的理论对解放建筑创作思想，解放生产力提供了理论依据，而这种理论依据有希腊、罗马、哥特建筑的传统精神。之所以他的理论能逐渐被学术界，进而被社会所接受，因为他的理论反映的是新材料的天性，新结构、新工艺的天性，代表了新兴资产阶级的利益。有了资产阶级的支持，他的理论才能变成现实。而且因为这个理论是促进生产力的理论，或者简明地说，是借助科学的力量来改变建筑形式的理论，是少花钱多办事的理论，是节约地球资源，提高人类生存质量的理论，所以一百多年过去了，一旦人们又重新关注建筑的物质性、经济性、社会性时，人们总要想起这个理论。只有这样的解释才会令人信服地说清为什么现代主义建筑运动能够得以成功，为什么建筑的艺术表现形式在 20 世纪会发生天翻地覆的变化，为什么勒·杜克的理论的影响广泛、深刻而持久。

但是因为建筑作为社会存在，必然受到社会各阶层及各种具有不同文化观念的人的关注。中国人有句成语"瞎子摸象"，建筑就是一只大象，在不同的人来观察建筑之时，由于视角的不同，大象也呈现着不同的形象，因此自古以来还产生了许多不同的对建筑的认识和形形色色的建筑流派。《现代建筑思想的演变》一书中，彼得·柯林斯描述了这个现象，其中特别提到了艺术家们对建筑的影响，因为艺术家们与建筑师不同，他们不承担建造的责任。一些 19 世纪以前在欧洲所建的古城堡就是由画家所设计的。由于画家不懂建筑，其形式和建造及功能之间的矛盾在所难免，在他们的眼中，技术是为艺术服务的，因为他们是艺术家。而在传统建筑师来看，这些画家根本不懂建筑的本质，根本不懂希腊和哥特，因而根本不会把这类建筑看在眼中。所以，19世纪的建筑学者对他们设计的建筑大加鞭笞，包括圣彼得大教堂。彼得·柯林斯认为结构理性主义是建筑师的工程素质的反映，而不是造型艺术家的理论。这些艺术家的理论时隐时现地出现在建筑史中，包括形形色色的先锋派的理论以及玩世不恭的后现代主义等等。建筑师们应该更多地承担社会的责任，对于艺术家的理论应抱有审慎的态度。

当今中国建筑界出现的种种形式主义之所以猖獗，其原因是深刻的，正如前文所说，对于种种建筑艺术理论必须到社会实践中去寻找产生这些理论的社会根源，正本清源应该是建筑理论界的当务之急。19世纪西方世界的一次正本清源，带来了20世纪的建筑革命。如果我们希望中国的建筑业走上繁荣昌盛的局面，建筑理论界必须有所作为，这种作为就包括向社会宣传正确的建筑观。

2011.10.30

建筑难道不能作假吗？

现在一些建筑师做设计，往往从造型出发，这样的设计屡见不鲜。前几天我看到一个方案，设计者将一组教学楼用一个巨大的金属构架包装起来，从鸟瞰图来看，好像是一个大体育场馆，据说校方十分满意。设计者认为，构架下的教学楼功能不错，技术也可行，业主还喜欢，为什么你们总是不满意？实在太落伍！

其实这样的设计我不止一次见到。前些日子我参加一个方案的初设评审，一栋倒班宿舍，也要搞"体形穿插"，我善意地提出修改的建议，设计者还好大不乐意，大约是因为我妨碍了他的"创作自由"。最近我还看见一个这样的方案，为某单位设计个体育中心，有体育馆还有游泳馆，也同样用一个曲面造型的屋面将两者罩在一起。这样的设计从外形出发，造成室内很多无用的空间，而且外观上所做的用于造型的构件毫无意义，据说是为了"养眼"，但花多少钱他们从不关心，因为他们自认为是艺术家。这股风由来已久，早在二十年前，就有某大人物在设计高层建筑时，因为建筑面积不够，于是在屋顶上又多做了若干层的空架子，外面再用外墙和屋顶包裹起来，用这样的办法去改善建筑的体量和立面的比例。如果你认为这是外行的做法，那你就错了，因为设计者不仅名声大得吓人，据说还是位权威，还是"为人师表"。

对此现象我甚不以为然，我曾经对建筑系的学生们讲过："如果你们这样来理解建筑的话，我可以把任何一栋建筑都变成一条龙，你们相信不相信？"因为我可以做一条龙把整个建筑包装起来，只要这条龙足够的大就可以了。也许有人会批评我，说我在"抬杠"。其实我一点也没有抬杠，离北京不远不是早就盖了三栋高层建筑，其造型就是"福"、"禄"、"寿"三星吗？对此现象，许多艺术家不满，但是要知道这种现象的产生，正是那些把建筑鼓吹为造型艺术的理论家们所酿成的恶果！只是因为这三位老者的形象不是你所接受的西方的抽象艺术，所以你去反对它。

关于建筑理论问题，今天在这里我不想讨论。我只是担忧如此的理论正在误导一批批建筑界的新人。几天前我遇见一位名校毕业了几年的建筑学的研究生，我们在一起看一个设计方案，一个体育馆被包装成一朵花，他告诉我，这个建筑已经建成。我告诉他，这个建筑很不好，因为到处在作假。他反问我："建筑难道不能作假吗？"

这位研究生是我的一位年轻的朋友，他的眼神在告诉我，他对建筑艺术很痴迷，而且也很单纯。但愈是这样，我愈感到伤心，转而由伤心变成愤懑。这就是今天中国的建筑教育！一个会把聪明人变傻的教育！

现在的建筑教育，既不谈建筑的本质，也不谈建筑的原理，讲授建筑历史，只谈流派不作分析。一谈理论就谈哲学，谈现象学，谈语言学，谈符号学，就是不谈建筑学。一介绍建筑师就介绍先锋派，就是不介绍作为建筑师主流的现代派。一谈建筑创作，就谈标新立异，不谈和谐共处。一谈到建筑师，就谈明星谈大师，不谈社会责任和职业良心。一谈到设计，只讲创意不讲实施。一做设计，只强调个人的灵感而不强调团队精神和合作设计。一评起学生作业，只评图面不谈设计思想和设计过程……

对此现象我深恶痛绝，我常对身边的年轻人说，不要读了几年书，已经忘了建筑是什么。我在上课时，对学生们讲："你们都是天之骄子，以高分考入清华。你们考建筑系，是想学会盖房子。不要几年之后，你们已经忘掉了这个初衷，把自己变成了所谓的艺术家。希望你们能学会懂得什么是好房子，怎样去盖好房子。"多少年过去了，我知道我的话没有多少人认真去听。大概这是因为我的话太质朴，不玄妙，也许不能满足年轻人的好奇心。

"建筑难道不能作假吗？"一位名校的建筑系硕士毕业生如是说，为我们敲响了警钟，看来已经到了必须反省近年来建筑教育的时刻了，让我们还是牢记鲁迅先生的话吧，"救救孩子！"

2011.11.12

"美观"
—— 一个有问题的表述

在一般的中文译本中，维特鲁威的《建筑十书》里提到的建筑原则，被翻译为"坚固、适用、美观"，但这个翻译是有缺陷的。其中问题最大的用语，就是"美观"一词。"美观"的中文含意是指外观的美丽，即"漂亮"，或者说是视觉之美。但是维特鲁威的原意并非指的是"漂亮"，它还包含着"美好、优雅、优美、文雅以及令人愉悦"等含义。也就是说，建筑之美不只是"悦目"，而且要"赏心"，建筑要使你的内心感到美，换言之，建筑之美不仅仅是视觉对表面形式的感受，而且要你的心灵真正认识和理解到这种美。所以建筑之美不仅是"感性"的，而且必须是"理性"的。

《建筑十书》是用拉丁文写作的，这段话的原文是："Haec autem ita fieri debent，ut habentur ratio firmitatis, utilitatis，venustatis，"。其英文译本起码有三种以上的翻译：例如摩尔根（Morgan）译为"durability, convenience and beauty"，格让盖尔

（Granger）译为"strength, utility and grace"，沃顿（Wotton）译为"firmness, commodity and delight"。按照阿诺尔德（Arnold Whittick）的观点，用现代英语，该原则应是"stability, utility and delight"。

从上述《建筑十书》不同英文版本的翻译中，我们是否应该这样来理解所谓"美观"这一术语，它应包涵"beauty, grace, delight"（美观、美好、优雅、优美、文雅以及令人愉悦）等多种含义。对维特鲁威的这个原则，按照小沙里宁的说法，应该是"结构、功能与美"。请注意，这里用的是"美"这个词，而不是"美观"。

"美观"与"美"是不同的，"美观"是表象，"美"是实质。美涉及到的是"审美"，"审美"就不只是建筑外观问题了，它还涉及到了"功能"、"技术"、"文化"、"价值"、"伦理"甚至"道德"等问题。正因为对上述两者的定义不同，"美观"与"美"有时甚至是相悖的。

下面举些例子来说明这个问题：

1. 关于圣·彼得大教堂的设计：

圣·彼得大教堂是意大利文艺复兴最伟大的纪念碑，其建造过程长达百余年（1505-1612），其中充满着人文的世俗精神与罗马教廷的斗争，其设计和建造的过程几经反复，斗争集中反映在建筑型制的选择上。文艺复兴时期的最伟大的建筑师：如伯拉孟特、米开朗琪罗等都曾在不同的时期主导过工程，其中以米开朗琪罗的集中式的"希腊十字"平面和大穹顶的结构方案（在伯拉孟特方案基础上的发展）最富有创造精神，可惜的是米开朗琪罗过早地去世了，无法实现他的理想。在教堂建造的后期，随着罗马教廷的反宗教改革力量的反扑，建筑师迫于教廷的压力，拆去了已经动工的米开朗琪罗设计的立面，在已建的"希腊十字（正十字）平面"前部又加上了一个3跨的长厅，将教堂改造成"拉丁十字（像十字架形状的长十字）平面"（罗马教廷认为拉丁十字平面的哥特教堂最适合基督教的仪式和象征耶稣受难）。后加建的长厅采用了哥特建筑的飞扶壁结构体系。这种变化使得教堂的室内外空间和形象的完整性都遭到了严重的破坏，成了圣·彼得大教堂设计的大败笔：

a. 为了解决教堂前期和后期建造的两部分，由于结构体系不同而在形象上造成的视觉上的混乱，建筑师采用"假墙"去掩盖飞扶壁的存在。"假墙"在视觉上也许并不丑，可能还"漂亮"，但假墙的砌筑背离了墙体建造的本质（承重），它仅仅成了一种"包装"，建筑的外部表现形式和建筑的内在建构形式（结构形式）之间不再相得益彰。在这里，只有美观而没有"建筑美"的存在，历来受到史学界的否定。

b. 圣·彼得大教堂的正立面设计，又是一个广被人们诟病的实例。建筑师为了立面比例的美观，不顾建造的常识，竟然将女儿墙的高度做到三米多高，完全违背了人的尺度；这使得人们在观赏教堂时失去了"尺度感"，大大削弱了人们本应感受到的、由教堂"真实高度"带来的艺术感染力。这是一个将"矮房子的立面""等比例"放大的失败的典型。在这里，我们再一次体会到了"美观"与"美"并不是一回事。

2. 中国传统建筑的"斗拱"问题：当"斗拱"具有结构功能时，它是建造的不可或缺的一部分，美观与美是统一的。当中国建筑大屋顶的出挑跨度减小之后，部分"斗拱"已失去对其悬挑屋盖的功能意义，对此现实，建造者因循守旧，不去创造新的表现形式，却把"斗拱"保留下来。这时的"斗拱"在技术层面，已经由"支撑"转化为"荷载"，成了建造的"负担"。这种结构构件退化为装饰的现象，是建筑艺术走向衰落的标志。在这里，视觉美与建筑美又产生了歧异。

3．"鸟巢"问题：一个身着漂亮外衣的建筑，却因其结构不合理带来了肆无忌惮地花费钢材的恶果，这是一种极端的美学主义，受到了国际建筑理论界和工程界的严厉批评。

上述几个有关建筑的评价十分典型，它们在告诉我们什么是"建筑之美"，这种评价让我们划清了"美观"与"美"之间的界限。

对建筑系学生的关于"美观"与"美"之间界限的教育，应该是建筑学的入门教育。我记得当初梁思成先生在给我们讲授"建筑概论"的第一讲时，谈到了尺度问题，所举的例子就是圣·彼得大教堂的尺度问题。这个教育使我终生受益。遗憾的是，现在几乎再也没有人对学生进行这种教育了，许多人对维特鲁威建筑三原则的理解，变成了"望文生义"，"美观"替代了"美"，把美观当作建筑艺术，为了美观而作假甚至不择手段，这竟然成了某些人创新的法宝，使得"美"失去了其深刻的含义。这种内涵的丢失，不仅造成建筑艺术性的失落，甚至带来了功能、经济和社会问题。

现在普遍存在的"把美观当作建筑艺术"的现象，引发了我的思考，特写出来，供讨论。

2011.11.13

建筑教授

一

从小我对建筑系的教授们就有着一种崇拜。那时我的家就住在南京东南大学（原中央大学、南京大学、南京工学院）相邻的南师附小院内。附小有个北门与东南大学相通。我们小孩子常常到东南大学去玩耍。东南大学有一个非常美丽的校园，它的南校门、大礼堂、图书馆、建筑系馆、体育馆、口腔医院、中大院等建筑都是民国时期建设的，无论是设计质量还是建造质量都非常好。这是我对建筑的最早的体验。

解放之后，东南大学（当时的南京工学院）开始建设，1954年起，陆续新建了"五四楼"、"五五楼"、"动力楼"。大人们告诉我，这些建筑都是建筑系的教授们设计的。他们还告诉我：在南京，当时许多重要的建筑，都出自于东南大学的教授之手，例如中山陵音乐台、谭延闿墓、南京中央医院、中央体育场、大华电影院、孙科住宅等，实在太多了。我记得，20世纪50年代，南京五台山体育场为了举办全国运动会，要设计大门，举行方案竞赛，当时的南工建筑系获得了第一名。

1950 年的一天，我随母亲到鼓楼金城大厦去看望舅父，当时他在那里办公。他告诉我：金城大厦与其相邻的馥记大厦的设计都与六舅公徐中有关。徐中[1]（后来调天津大学任建筑系主任）当时也是东南大学建筑系的教授。我曾去过他的家，那时他正准备北上，我去时，他正趴在图板上制图。

从此，在我幼小的心灵里，开始对建筑设计产生了好奇，对建筑系的教授们产生了崇拜，因为他们既有理论，又有实践，有真本领。在此以前，我以为大学教授就是教书匠，只会教书而已。

高中毕业时，要选择人生。在选择学习科学还是学习技术的问题上，我决定选择学习工程技术，因为我知道学工程无需天才，只需勤奋。对于我来说，建筑设计是一件神秘的事，了解设计是怎样的一回事，成了我当时的最大心愿。填报志愿，我报了清华、南工和天津大学三个建筑系，清华为第一志愿。这是因为梁思成先生是当时清华建筑系的系主任、蜚声国际的学者；而且因为清华建筑系学制长，是六年制，比南工和天大长一年。我想多学一点，反正自己年龄小；而且因为我知道自己笨，笨鸟要先飞。

我学建筑，所想学的就是"建筑设计"。因为盖房子是需要技术的，所以技术学科在我看来，是建筑教育中最为重要的课程之一，不敢有丝毫的怠慢。当然也有很多人学习建筑，不是为了学设计，而是对建筑历史和文化感兴趣，他们是把建筑当作文科专业来学习的。近年来，也有人将建筑视作艺术，把建筑作为艺术来学习，这是三种不同的学习态度，其实并没有高下之分，因为建筑同时具有工程、社会、文化和艺术的属性，学生必须全面。

因为建筑学本身的特点，建筑系教授的素质是各不相同的。即使同时做一个设计，观点甚至完全相反，这是因为教授们的建筑观不同。对此类现象，业外人士是不理解的。他们以为教授的话总是对的，其实并不如此。

正因为建筑设计的这种个性化的特征，建筑教授的个人风格会不同，建筑院校之间的风格也会不同。就拿中国的建筑系来说吧，在我看来，清华与南工，其风格各有千秋，这是因为这两个系的历史不同。

清华的梁思成先生是位学者，研究建筑历史出名；南工建筑系的杨廷宝先生，重在建筑设计。由于梁、杨二人的个人素质差异，所以办系的风格也有差异，教师队伍的素质也会不同。关于这点，我在工作之后才逐步有所了解。我在清华毕业后曾在南京工作，与南工教授们多有接触，对此更有体会。南工的教授大多重视建筑设计的工程技术性和工程实践性，给我的印象极深。他们设计建筑时，对建筑构造和材料的选用、细部的设计都十分重视。有一次，我与钟训正教授一起参加一次大学生的毕业设计答辩，那是一个医院的设计。钟先生在整个答辩过程中，只对学生说了一句话，他说："你们设计的这个楼梯是建不起来的，你们知道吗？"那时我刚认识钟先生不久，对此事甚为惊讶，他对工程的重视，对方案的评点，对学生实践能力培养的用心，都是我难得见到的。钟先生的建筑表现图的精美是少有建筑师能达到的，同时他对建筑构造的重视也是罕见的。他曾经出过一本书，其中收集的都是构造做法。他对我说过，他带研究生，要让研究生先到设计院工作，没有工作过的学生，他是不带的。还有一次，郑光复教授与我们一起研究他设计的山东某大学的一幢教学试验楼的工程，他和我们一起研究试验室用房的布局。会后，我开玩笑地对他说："你简直干错了行，你应该到设计院来当老总。"

重视工程的教授在东南大学非常之多。为了给设计院承接建筑设计任务，我曾经找过陈励先教授，她是医院设计专家。她做的医院设计方案，从平面功能、剖面到立面，从建筑到结构，方方面面都十分周到，我拿到方案后高兴极了，因为不需调整就可以直接做施工图了。

1994 年我重返清华，接触到了许多现在的清华教授。我发现这两所我国著名的建筑系教授们在教学和素质上的差异。在这里，我无意去比较两者差异的优劣，我只是以为建筑教育多元化才是我们应该追求的方向。

对于一个国家来说，偏于建筑历史、建筑理论的建筑院校要有，偏于建筑设计的院校也要有；偏于工程技术的院校要有，偏于建筑文化和艺术的院校也要有。可惜的是，我国现有的百余所大学建筑系办得十分雷同，教学大纲、教学方法如出一辙，建筑观念几乎一致，毫无特色，这样是非常不利于我国的建筑教育事业的发展的。

其实在欧美建筑院校发展的历史上，早已存在着完全不同的建筑流派，和不同流派自己的建筑院校了。早在 18、19 世纪，法国巴黎美术学院就是把建筑作为艺术来教育的。但是同时还有巴黎理工学院建筑系，这个系的教学则不同于巴黎美术学院，它更偏重于工程技术。而同时期，1793 年，德国的大卫·吉利（David Gilly）开始创办柏林建筑学校（柏林建筑学院的前身）。与学院派的教学不同，吉利父子都十分重视建造技术，老吉利受到了巴黎理工学院迪朗（J.N.L.Durand）教授的影响，注重建筑的简洁性和经济实用，在教学设置中，更注重实用工程。[2]

一位朋友的孩子在美国学习建筑，前几天因放假回国。我问他的母亲："在美国建筑要学几年？"他母亲告诉我："在美国学建筑的选择很多，美国的建筑院校差别很大，学生有很多的选择自由，最长的学制要学 8 年。学 8 年的，同时要学建筑和结构两个专业。"听完之后，我松了一口气，才知道我年轻时同时学这两个专业并没有错。但是在中国，从来没有这样的学制。这位母亲的话告诉我们：原来美国的建筑系也不是都在玩"理念"的，他们也有非常重视工程技术的建筑院校。关于这一点，不知中国当今的建筑教育家们又会怎样想？虽然改革开放已经三十年了，出国考察的人非常的多，但是他们对世界各国的建筑教育做过全面、深入的调查了吗？我们了解世界吗？

千篇一律、千校一面，"大一统"是中国的特色。那些了解世界的人往往也无能为力。朱清时先生就是一位了解世界的人，他力图打破中国教育的这个局面，创办"南方科技大学"，其遭遇之艰难让人们深感伤心，让有志者望而却步。

二

建筑设计的教授应该具有什么样的素质、什么样的能力？这是当今我国建筑教育中存在的突出问题。由于体制原因，当今我国建筑设计的教授们，大多是大学毕业后继续读书的那一类人，他们读完硕士、读博士；一直待在学校里，与社会和工程实际接触很少。通过这样的路径走过来的人，真的能教设计吗？

就这个问题，我曾经问过在德国学习建筑专业的学生，他告诉我：在德国，建筑设计的教授资格的取得，必须主持过有影响的建筑工程。他说他的教授就是某工程的设计者。据我了解，这种制度不仅在德国，在欧洲的许多国家都是如此。我现在要问，中国的建筑设计教授中，有多少比例的人真正有能力主持工程？（请剔除挂名者！）

为了解决建筑设计的理论与实践脱节的问题，中国老一辈的建筑工作者曾经做过极大的努力。20 世纪 50 年代，我国建筑教育大发展，当时的八大建筑院系的负责人大多是解放前曾经有过"执业"经历的建筑师，他们都实实在在地做过工程，滚过工地。例如：南京工学院的杨廷宝先生、同济大学的冯纪中先生、天津大学的徐中先生、华南理工大学的夏昌世先生、哈尔滨建工学院的哈雄文先生等等。清华大学梁思成先生虽以学者知名，但他也曾与陈植先生、童寯先生合作成立过建筑设计事务所，梁先生设计过不少建筑工程，他对建筑设计的规律十分熟悉（可见他的文章《建筑师是怎样工作的？》原载《人民日报》1962 年 4 月 29 日）。而且在那个时代，教育方针是："教育为无产阶级政治服务，教育与生产劳动相结合。"所以青年教师们都深入工程，建筑设计的老师都十分重视实践的环节。

我们读书时，系里就安排有"认识实习"、"瓦工实习"、"工长实习"、"设计院实习"等多样的实践类课程。为了培养青年教师的工程能力，各校的建筑系都办了设计院。"真刀真枪地干！"成了当时年轻教师的心愿，也是那一代建筑设计教师成长的途径。那时候，这些教师十分重视工程实践，都亲自动手绘制施工图，并下工地向工程师和工人师傅学习，去解决具体的技术问题，以便在工程中成长。1950 年代，清华扩建校园，那时的青年教师和刚毕业的建筑系学生都投入了建校的工作，甚至担任施工人员。

改革开放之后，有实践经验的老一代建筑学者、教师都逐步退出教学的第一线；"文化大革命"造成了建筑设计教师队伍的断层。由于体制的原因，社会上的有实际工程经验的建筑师再也无法进入教育界，造成了建筑教育生态的畸形。即使有少数调入者，因势单力薄，无扭转乾坤之力。一些设计老师自己就对工程陌生，又不去研究工程。"不会真刀真枪的设计，却在教设计，"已成了建筑教育的一种奇观。

当建筑设计由"计划"向"市场"转型之后，设计院以经济为中心，已经没有责任再为在校学生作义务性的培养工作了；学生的实习课程流于形式：下工地，工地不欢迎；下设计院，设计院放任自流。教授建筑设计课程的老师，也失去了在工程设计方面不断学习和提高的机会。面对此种现状，我们不禁要问："在市场经济条件下，建筑设计的教师队伍应该从哪里来？"

现在我们不妨来看看香港和台湾的办法。

据我所知，在香港和台湾，建筑院校中有关建筑设计课师资的来源，靠的是学院向社会业界的招聘。被招聘者必须有相应的学历（如果工程做得好，有的院校甚至可以放松对学历的要求），有丰富的工程经验，有一定的业内知名度。没有实战经验者是不能教授建筑设计课程的。由于开业建筑师收入一般比教授高，为了吸引高质量的建筑师来教书，香港与台湾一般采用高薪的办法，而在合同期间，这些建筑师是不能执业的。对于这些建筑师来说，学校给的报酬与开业的收入相比，虽可能会有所减少，但建筑师一旦被校方聘用，其社会地位就会提高；学校的工作没有开业那么紧张，相对自由些，可以多读点书，多做点学问，为将来再开业积累资本。许多建筑师都乐而为之。这种学校与工程界之间的互动，不仅提高了建筑设计的教学质量，同时也提高了开业建筑师的学术水平。

其实，由开业建筑师办学校、教设计，从来就是西方建筑教育的传统。18世纪的大卫·吉利，19世纪的辛克尔，20世纪的格罗皮乌斯、密斯、赖特和小沙里宁，还有21世纪日本的安藤等人都是如此。这些建筑师不仅是建筑设计的教师，而且主导着建筑院校的方向。在中国，在杨廷宝先生那一代人之后，再也没有出现过由建筑师主导建筑教育的状况，现行体制已遏制了建筑设计教育的新陈代谢。

从业界招聘建筑师来执掌建筑设计课程的教学，现在已成为国际建筑教育界的通行法则，唯独在中国大陆不能执行，是何原因，不得而知。现在是建筑教授做业余设计去挣钱，无人安心教书；"设计教授"做设计，水平很"业余"；他们去教书，常常误人子弟；学生学习设计，找不到真正明白设计的专业教授。对此现状，在中国大陆习以为常，不以为怪。由于无法向建筑设计的教师队伍输送来源于业界的新鲜血液，中国现今的建筑设计教育成了一个封闭的系统。而且各建筑院校的师资往往是本校留校的毕业生，使得各院系遗传基因的缺陷不断放大。半通不通、有素质缺陷的老师教出更加不通的学生。一代传一代，只能是一代不如一代。

三

近年来，我见过许多建筑设计教授所做的建筑方案。不少方案不是功能问题解决得不好，就是技术方案不可行，或者投资控制不当。其中不少被教授们称作的所谓"方案"，其实根本不能算作是"方案"，仅仅可以看作是初步的"想法"，设计深度远远不足。设计院为了挣钱，在实施这些方案（想法）时，也不管三七二十一，只要能对付出图，就对付出。如何使方案合理、完善、优化和经济是无人愿意去操心的。而且一些教授鄙视工程技术，从不愿意听取工程技术人员的建议。

不久之前，我又遇见了一位教授设计的方案。一个幼儿园，一层楼的小房子（局部3层），因为深化设计时出现了技术问题，设计院居然做不下去了。结构专业脑袋发胀，因为到处要突破规范。如果突破规范，就要进行"超限审查"，审查能否通过，还是一个未知数，而且一个小房子要"超限审查"，这不成了设计院的笑话！为此，结构专业负责人赶快与"施工图审查单位"联系，得到的答复意见模棱两可。设计做不下去了，大家怕返工，于是他们找到了我，希望我能帮个忙。

凡结构出现类似问题，首先检查建筑方案，这已经成了我的经验。果不其然，只要将建筑方案稍加调整即可。调整后的方案不仅结构合理，还可以使原来的许多不能开窗的房间可以自然采光，一举两得。修改极其简单：只要将原来堆在建筑外墙侧面的土坡，稍加退让，让出一个小院子即可。建筑造型依然如旧，小院子还增加了空间的趣味。

第二天，我遇见了那位教授的博士生。我问他："修改的意见可以接受吗？"他不置可否。我问他："你们为什么要把可以开窗的墙面用土坡堵死？留个院子采光不好吗？这样做，结构也就合理了。"对我的建议，他似乎仍有保留。因为他认为：从天上往下看，小院是矩形的，他不喜欢长方形的院子，希望院子是正方形。但他不知道，院子变成正方形之后，结构问题又出来了，而且又有房间不能开窗子了。

听了他的想法后，我已经不知道该如何说话了。这就是教授们培养出来的"博士"，漠视功能，对技术无知。在万般无奈之下，我只能对他说："我曾经多次对清华建筑系的同学们说过：'你们高中毕业到大学来学建筑，那时候你们还知道，建筑就是人住的房子。不要学了几年，建筑是什么反倒不懂了。'"我建议他回家问问他的母亲：他母亲是否同意把家里的窗子用土堆堵死？

类似的事情我已见过太多，几乎麻木了。前些日子，一位做建筑杂志编辑的朋友告诉我，他读了我的书《建筑是什么》之后，对书中讲的有些事很感兴趣，譬如书中提到的一位教授的名作——一所小学。这位朋友是位老实人，不大相信一个曾经被建筑界炒得沸沸扬扬，并获国际大奖的建筑竟然会被闲置，他想去实地调查，看个究竟。于是，他专程去了那个山区，找到了那所小学。果然，这个小学已经建成几年了，直到现在仍然没有投入使用。回来后见到了我，他对我说："这所小学拍出照片确实挺漂亮，但是经不起细看。而且用起来，问题会很多。""楼梯栏杆是三根水平的横杆，间隙太大，对小孩太危险。拍起照片很爽，但是小孩很容易从楼梯上摔下来；墙面是粗糙的毛石砌筑的，石片有锋利的边缘，尤其在石墙转角的地方，大人们会担心孩子的安全。已经有些翘曲变形的单层玻璃木质门窗，无法保证寒冷山区的室内温度，四处透风。""设计房子时，老乡曾提醒教授，这里山风很大，屋面的坡度不能这么平缓，但教授不听，认为屋面坡度陡了不好看。结果房子建好不久，一阵山风掀翻了屋盖上的瓦"。"这栋建筑就像个舞台布景，远远看去蛮漂亮，就是不合用。"据说，老乡们正在想办法，怎样才能把这所学校改做他用。

这位朋友告诉我的情况，让我再次反复思考：现在的某些建筑教授，你们到底想干什么？！为什么你不能用有限的资金，还是你没有本事，因地制宜地为孩子们去建造一所实惠的、价廉物美的学校？这所学校能给孩子们提供他们需要的最基本的学习条件，给他们安全、卫生、阳光和舒适的环境。对于山区那些无书可读的孩子们来说，有几间窗明几净的、充满阳光的、温暖的、宽敞的、宁静的教室比什么都更为重要。因为他们穷，所以他们宁愿要合理的平面布局、结结实实的结构、绝不会漏雨的屋面和能保温不透风的墙体与门窗，而不要那些所谓的"漂亮"！更不可能为了"漂亮"而花去那些可以用来解决实际问题的投资。因为那些华而不实的一切，对他们来说，都是奢侈品。他们不需要奢侈，他们只需要读书上学的基本条件！

我想如果我是这位教授，见了这样的后果，还哪有心思去报什么奖？我内心受到的自责，将会使我无地自容。

由于缺乏实践的经验和最基本的工程知识，这类教授的想法常常是幼稚的、异想天开的，他们的设计往往是纸上谈兵。一片8米高的青砖砌筑的花格围墙，墙的厚度只有12厘米，这样的"花格墙"只能存在于电脑的屏幕上，他们陶醉在自我欣赏之中。那种自负的、不容别人质疑的作风使他只能孤芳自赏。当有人告诉他："墙做这么薄，要垮掉的"，他要别人替他想办法，他们认为"如何建造"不是建筑师的事。他们大概认为自己是"艺术家"，只管"构思"，如何实施与己无关。但是要知道，如果画家拿不起画笔，雕塑家（石雕）不会拿斧头和凿子，歌唱家不会用嗓子，建筑师不会使用建筑材料，不懂得材料的性能及其表现，还称得上是艺术家吗？当有人带着冷嘲热讽的口吻告诉我这件事时，我只能默默地听着，无法为这位教授辩白。

这就是我所见到的某些建筑设计的教授，这样的教授会教出什么样的学生？我不敢想象。大约我真的老了。人们常说："人老了，才会喜欢回忆过去"，所以近年来，我脑海里常常会浮现梁思成、杨廷宝他们那一辈的建筑教授的身影，会怀念他们有关建筑设计的言论和建筑设计作品。

注释

1. 徐中（1912-1985），江苏省常州人，1935 年毕业于中央大学建筑系，获学士学位。1937 年获美国伊利诺伊大学建筑硕士学位。1939 年起任教于中央大学建筑系，1949 ~ 1950 年任南京大学建筑系教授，1950 年受聘任北方交通大学唐山工学院（即唐山交通大学）建筑系教授、系主任。1952 年，唐院建筑系调整至天津大学，徐中先生随之前往天津大学，任建筑系教授、系主任，名誉系主任。

2. [美] 肯尼思·弗兰姆普敦. 建构文化研究. 王骏阳译. 北京中国建筑工业出版社，2007

2012.06.19

己所不欲，勿施于人

我很傻，我一直以为书上教的、报纸上登的、老师在课堂上讲的、领导在会上说的、法律上定的、电视上看的、广播上听的，都是真的。我想如果这些不是真的，那么这个社会岂不太假？岂不太可怕？我努力地企图不相信我的眼睛和我的耳朵，因为我的所见所闻与电视、报刊上的宣传和说教相距太大。我担心我的片面，担心我的狭隘，对于那些我不太熟悉的事，我不敢说话；这就是我的懦弱。中国的知识分子，大多是懦弱的。

这两天 2012 年高考结束，两位年青人的高考作文在网上被发疯式地转发，文章反映的是对中国高等教育制度和对电视新闻的不满。看了之后，我那颗尚未完全麻木的心又被感染，这两位高中生，既有思想，又有文采，不怕不被高校录取，说着他们心里的话。他们的纯真，鼓起我那本来就不大的勇气，我想，我还是再说点实话吧！但是我仍然只说我的专业，因为我熟悉它。

前些天，我鼓起勇气，写了一篇文章"建筑教授"，披露了某些教授的建筑观念，因为我实在看不下去了，我也不想与他们争辩，只想把事实写出来，让民众辨别是非。

我在文章里有这么一段话，现再摘录如下：

这就是教授们培养出来的"博士"，漠视功能，对技术无知。在万般无奈之下，我只能对他说："我曾经多次对清华建筑系的同学们说过：'你们高中毕业到大学来学建筑，那时候你们还知道，建筑就是人住的房子。不要学了几年，建筑是什么反倒不懂了。'"我建议他回家问问他的母亲：他母亲是否同意把家里的窗子用土堆堵死？

这两天（我的文章写完之后不久），设计院的朋友又找到了我，告诉我：那位教授丝毫不听取我的建议，坚持他的设计，要用土堆把可以开窗的几个墙面统统堵死。这就是现在的清华大学建筑系的学生们受到的建筑教育！我完全失望了，如果因为是技术水平差，我可以原谅；但现在看来，这位教授明知如此，而故意为之。

孔老夫子曾经说过："己所不欲，勿施于人"。现在的许多人偏偏是"己所不欲，专施于人"！如果我们的建筑教授们，设身处地地替使用者想一想，如果这是他的家，他难道还会这样去设计吗？梁思成、杨廷宝先生的时代是绝对不会允许大学教授这样来教书育人的。所以我说："一代不如一代"。也许有人认为我是一个"悲观论者"，我不否认，对当今中国的建筑教育，我的确是悲观的。我希望批评我者，请拿出实例来，请解释我讲的实例，告诉我现在建筑教育的一片"大好形势"，宽宽我的心。

我称中国建筑界的这些人是"人格分裂"，"双重标准"。关于这点，我已有几十年的体会。建筑师们给别人设计建筑，千方百计地忽悠业主，要把资金用在造型、外观、空间的丰富和变化上，还有一套套的理论和说辞；但是一旦花钱给自己盖房子，就完全变了个人，这时的他，只求实用和经济了。早在二十多年前，我所在的设计院给职工盖住宅，所有的建筑师都只关心平面的合理，设备的完善，至于外立面如何，无一人去在意。"钱要花在实惠上"是设计院所有人的共识。有人告诉我，某设计大师兼院长，在设计该设计院的大楼时，曾指令建筑师，要增加办公面积，不准设计"中庭"，不准设计只有"精神功能"的"高空间"。但是我知道，他在为别人设计建筑时，也是玩弄这些"空间"的高手。这种现象，我一直感到悲伤，人居然可以心口不一，却又冠冕堂皇。因为我以为，你如果真的热爱建筑的"艺术"，你如果真的相信你对业主所宣传的"建筑理论"，那么你首先应该用你自己的房子为民众作出示范，这才有种！所以每当我看见那些华而不实的建筑时，我总要想去了解那些设计者的思想和为人。如果他对自己的事也从来是华而不实时，我还倒有点同情心，我只会说他"走火入魔"，但我仍然会尊敬他，因为他心口如一，没有道德的问题。反之，我则以为他是一个自私自利的人，为自己做设计，一心为"利"；为别人做设计，一心为"名"。"名"之所归，仍然是"利"！

那些真正伟大的建筑师却不是这样的。例如格罗皮乌斯，他所设计的包豪斯学校和他在美国的住宅都是按照他的理论和信仰去设计，这才是真正对建筑事业执着和忠诚的人。

"己所不欲，专施于人"的现象非常普遍，在建筑业界到处可见。有位朋友曾经做过室内装修，他说："现在搞住宅家庭装修的，要接受一种培训，那就是忽悠业主，让他多花钱"。具体的方法是：忽悠业主修改户型，改室内平面。只要业主一同意，他就发了财；因为墙体要改造，所有的灯具要移位，所有的管线要重新敷设，自然可以多挣钱。建筑设计和装修都是服务业，服务业不为顾客着想，不去"将心比心"已经成为普遍的现象。

最近我们为业主设计了一个厨房，厨具公司一来就要对土建大动干戈，为了多卖厨具，竟然要把厨房朝南开的窗户全部堵死。我问厨具公司的经办人，"我们原先设计的厨房有问题吗？"，"没有"，他回答道。我接着问道："这个食堂确实需要这么多厨具吗？"，他哑口无言。我又问道："如果土建不做改动，你能够布置厨具吗？"，"可以"。那么为什么厨具公司不替业主考虑，不惜业主多花钱呢？因为他们认为，能骗一个算一个，挣到钱才算有本事。什么职业道德，那是书呆子才会讲的傻道理。

又有一位朋友告诉我："现在搞剧场、会堂灯光设计，许多人都是带着'指标'来设计的。"所谓"指标"不是设计标准，而是灯具厂家提出的要求，即厂家希望在这个项目里卖掉的灯具的数量。一位灯光设计师私下说："如果我不设计这么多灯具，如果我不让业主相信必须有这么多灯具，才能满足使用要求，我就要失业。"牟利已经绑架了设计。

这类现象到处都是。业内人士利用知识和技能去欺骗业主，而我们的业主往往又是用纳税人的钱去"埋单"。谁也不负责任！

想到这里，我又想起关于教育的问题。在整个社会大办各种培训班，把知识教育当作是教育的第一要旨时，我要大声疾呼："知识并没有那么重要，更重要的是人的品格。"在建筑教育中，如何培养建筑师的人品总是比别的什么都重要的事。

"己所不欲，勿施于人"是建筑师执业时最简单可行的自律的方法。

2012.06.30

非线性思维

中国的某些建筑学教授常常发明新名词。"非线性思维"就是这样的一个新名词，曾经热闹过一阵。这种杜撰出来的新名词再衍生成理论，上不着天、下不着地，好像是从"石头缝里蹦出来的"一样，非常像"孙悟空"，有着七十二种变化，叫你摸不着头脑。你不理采它吧，它像个苍蝇，在你的周围嗡嗡叫，让你听了很烦；你要真的想去与他理论，却又不知如何去，因为"非线性思维"是什么，教授们从来没有认真地论述过，没有定义。他们只是武断地说：思维有两种，一种是"线性的"，一种是"非线性的"。他们说，传统的建筑设计的思维模式是"线性的"，但是又没有对此作过说明。他们说，像盖里、扎哈·哈迪德他们的设计思维是"非线性的"，又同样不作说明。

关于思维的理论问题，我没有研究，不敢胡说。我只知道：思维有两种方式：一种是推理，一种是归纳。建筑设计的方法既有推理、又有归纳，是综合的。什么时候是"线性的"？是简单的线性的推理？我真不知道！

一部建筑发展史，建筑的演变来源于社会的变化。这种变化包括社会生产力和生产关系的变化，社会的组织方式（社会制度）的变化，生产力和生产关系的形态的变化，思想观念、意识形态、审美情趣的变化等等。建筑设计千变万化，但终究逃脱不了用设计去满足这些变化。也就是说，建筑设计是有理可循的。

研究社会的这些变化，从变化出发去寻找建筑的新形态，这就是建筑设计的基本的思维方法，这就是"推理"。"推理"是建筑设计的一种基本的方法。但是由于建筑问题是一个十分复杂的综合性问题，充满着矛盾，所以简单的推理是不行的，推理的过程中充满着"综合"比较。建筑设计每前进一步，都存在着多种可能性，这就需要依靠建筑师的经验和设计思想作出判断；需要建筑师从现实的技术、经济条件出发去剔除不现实的想法，从而归纳可能性，以便找到方向；从几个方面去探索、去发展或者去调整最初的想法。这里既有"推理"又有"综合"，根本谈不上什么"线性"和"非线性"。建筑设计是一个全方位、多层次的"分析、判断、构思和选择"的不断"试错"的过程。这个过程应该自始至终处于理性思维的控制下。

梁思成先生有篇文章《建筑师是怎样工作的？》[1]写得非常的好，我现在摘录几段如下：

"首先应当明确建筑师的职责范围。概括地说，他的职责就是按任务书提出的具体要求，设计最适用，最经济，符合任务书要求的坚固度而又尽可能美观的建筑；在施工过程中，检查并监督工程的进度和质量。工程竣工后还要参加验收的工作。"

"设计首先是用草图的形式将设计方案表达出来。如同绘画的创作一样，设计人必须'意在笔先'。但这个'意'不像画家的'意'只是一种意境和构图的构思（对不起，画家同志们，我有点简单化了！），而需要有充分的具体资料和科学依据。他必须做大量的调查研究，而且还要'体验生活'……"

"他（指建筑师）的立意必须受到自然条件，各种材料的技术条件，城市（或乡村）环境，人力、财力、物力以及国家和地方的各种方针、政策、规范、定额、指标等等的限制。有时他简直是在极其苛刻的羁绊下进行创作。不言而喻，这一切之间必然充满了矛盾。建筑师'立意'的第一步就是掌握这些情况，统一它们之间的矛盾。"在这里，梁先生所谈的，就是建筑师在工作时的思维方法，这种方法就是科学、理性和逻辑地解决问题的方法。

梁先生关于建筑师的工作内容、方法和步骤还谈了许多，谈得那样具体而生动，请大家去读一读。几十年来我的从业经验告诉我：梁先生所说的，完全符合实际；因为梁先生了解世界，也从事过建筑师的职业。

梁先生的这篇文章写于1962年，那时我正在清华念书，影响了我一生的职业生涯。现在的建筑系的学生们可能听不见这样的声音了，而他们听见的所谓"非线性思维"只能搅乱他们的思维，使他们莫衷一是，所以我要把梁先生的话再重复一遍。

至于盖里和扎哈·哈迪德的设计思维方式我没有专门去研究过，但是我亲身体验过他们的设计。拿盖里来说吧！他所设计的建筑的"本质形式"（涉及功能、空间、建构有关的形式）都十分理性。举个例子：一个"家具博物馆"，外部造型用的曲线钢筋混凝土的构件，其内部是参观用的曲线楼梯，屋顶上倾斜的长方体是一个采光用的天窗，其倾角是为了让天光正好照在下面的展品之上。一个小小的门厅，参观者可以在此一眼看见所有展厅的标识。外部体积虽然丰富多变，但丝毫不影响丰富的室内的功能空间和流线的合理性，反而丰富了空间的变化。

盖里及扎哈的设计是他们时代的产物，一种"小众"的文化。扎哈毕业于英国的"AA"。那里是研究计算机"参数化设计"形成系统化的发源地。用数字技术去描述"非解析函数"的曲面造型，"参数化设计"提供了可能性。有人企图由此去创造新的建筑形态，但是这种形态如果不能和"建筑功能"、"建筑结构"、"建构原理"、"建筑构造"有机地结合在一起，就成了一种"形式主义"。真理和谬误仅仅差之毫厘，确有万里之遥。

注释
1. 梁思成 . 建筑师是怎样工作的？.1962 .4.29. 梁思成文集（四）. 中国建筑工业出版社，1986

2012.06.23

Leader

有些人讲话，其中不夹带几个英语单词，似乎总觉自己水平不高。刚到清华工作时，我就遇见了这么一位教授。那是一次与一年级新生的座谈会，座谈内容大约是让学生了解"建筑学"专业。已经 18 年过去了，那位教授的一句话我仍记忆犹新。他说："我们清华大学建筑系不是培养一般的建筑师的，我们是培养 Leader（领导）的。例如总建筑师、设计院的院长等等。"我坐在这位教授的身边，听了这番言论，如坐针毡。

前几天，我与一位年轻的建筑师谈起清华建筑系毕业生工作的情况，她告诉我，清华的不少毕业生在大设计院里待不住，干不了多久就想跳槽，不愿做具体的工作，不愿从基层做起，只想独挑一摊，去当领导。她说：她的同学曾到清华来听过课。教授公开地说："我们清华建筑系的培养目标，不是那些做施工图的，是培养领导的。"她感到很吃惊。其实，这个情况我早有了解。不少朋友告诉我，许多设计院不喜欢清华建筑系的毕业生，因为他们心气太高。大约是因为我在清华工作，在我面前，他们的话有所保留，不愿往深里说。他们不知道我是坚决反对那样的建筑教育的。

现在有那么一批年青人，梦想着一举成名，既想发财，"权力欲"又极强，喜欢当别人的领导，以便"名利双收"。教授们的话正好调动起这些年轻人的浮躁之心。我们这些教授中的一些人，自己不懂工程，连工程都不会做，却看不起设计院里那些趴在图板，成天与图纸、工地打交道的人。这让我怎么说他们呢？我想：你们不愿做具体的、细致的、烦琐的工作就算了，可为什么要坑害年轻求知的学生呢？你们从来没有在设计院工作过，你们知道建筑师是怎样培养出来的吗？你们知道建筑师所需要的知识结构吗？你们自己都不是合格的建筑师，却妄图领导有着丰富实践经验的工程师们工作，怎么可能呢？你们知道设计院的老总们是怎样看你们的吗？

五十多年前，我进清华学建筑。那时的清华土建系有五个专业：建筑学、工业与民用建筑（结构与施工）、采暖与通风、给水与排水、建筑材料。新生入校之后，再报志愿。我记得，九月份的一天，我们全系新生在清华第二教学楼的阶梯教室里，听各专业的教学负责人介绍各个专业。那一天梁思成先生、陶葆楷先生、杨式德先生等各土建专业的权威都到了场。他们对各专业的介绍深入浅出，以便学生们理解。他们把建筑比拟为一个"人"，建筑学就是研究这个"人"的总体的，结构专业研究人的骨骼，而各设备专业（水、暖、电）研究人体内的各种系统，诸如循环系统、呼吸系统、消化系统、泌尿系统等。短短几句话就准确地概括了各专业的内容，各专业在建筑工程中的地位以及各专业之间的相互关系。

正是基于这个认识，我理解了建筑师这个职业所必需的知识结构。

因为建筑师不同于专业工程师（结构、设备、机电），他是负责总体设计的，他不仅要使设计的建筑能很好地满足社会和使用者的物质和精神的需求，还应该去合理安排结构、设备、机电的布置。为了做到这一点，建筑专业的知识面要求极宽，建筑专业的人必须学好相关专业，否则是不能胜任建筑师这个职业的。

建筑师确实是 Leader（领导），虽然他未必是一个单位的技术负责人（总建筑师），但他必须成为整个工程小组的领导。他要领导结构、设备、机电的专业工程师们共同工作。而建筑师是否能成为一位优秀的工程小组的 Leader，不仅需要建筑专业本身的全面的工程经验，还需要相关专业的全面的工程经验。这种能力是高等院校培养不了的，需要工程和时间的磨练。

一个建筑师的成长，总是在建筑专业负责人的指导下，先从本专业的局部工作入手的。当你对建筑专业的业务熟悉之后，在工程负责人的指导下，学会主持建筑专业的工作。随着工程的实践，当你逐渐熟悉和了解了相关专业的技术要求之后，你才有主持工程的全面能力。有了这个能力，才能说你开始成熟了。依我的观察，如果你有比较好的基础和机遇，完成这个修炼，也非下十年苦功不可。这就好像是登山，要一步一步地向上爬，不从基层做起，一步登天是不可能的。不从最基础的工作做起，要成为一个合格的工程负责人（职业建筑师）都不可能，更不要说成为单位的全体建筑师的总的技术负责人（总建筑师）了。

你如果不信我的忠告，请你去调查一下，现在的各设计单位最缺什么样的人才。实际上，学校只有培养学生的"基础知识"、"基本功"和"基本素养"的能力；其余的一切都要靠毕业之后个人的努力。至于Leader（总建筑师、院长之类），不应是学校的目标，也不应该对学生进行这样的宣传，更没有能力对学生的未来作出任何安排。这种教育使人轻飘飘。

我当"总"几十年，"辞官"已三次，当 Leader 从未感到乐趣。我希望后来者、清华的毕业生们，能踏踏实实地去学着做一个普通的建筑师，深入实际，做几个工程，为社会做点实事，那才最有意思！

2012.07.01

从建筑方案的立意谈起

一

对于今天在中国执业的建筑师来说，感到最为困难的事，大概就是如何与业主沟通。我的一位朋友是建筑师，清华毕业后在美国学习、工作多年，现在回国开业。有一次，他参加了一个餐饮服务兼员工活动中心的设计投标工作。业主很不错，为了能满足各种人群的不同需求，提供了详尽的设计任务书。因为要求具体、功能复杂，再加上地段条件苛刻（有限制建筑物高度的要求）、地形还有高差，所以做好这个方案并不容易，需要动动脑筋。我的这位朋友花了大力气，才将方案完成。由于方案设计得比较妥帖，获得了绝大多数评委的认可，方案以高票获胜。但是谁也没有想到的是，最终我的朋友失去了这个项目。其原因是：业主方的领导喜欢一个被淘汰的方案的立面，认为这个方案的"立意"好，尽管其在功能问题上和满足规划设计条件上有"硬伤"。

上述现象绝非个别，它反映出两个问题：1. 投标工作的严肃性。2. 如何判断设计的价值。今天中国的建筑评标工作，不是内行说了算，而是由行政领导凭个人喜好来决定。"外行领导内行"是通行的法则。

俗话说："外行看热闹、内行看门道。"现在的许多建筑设计方案的选取，靠的就是一张彩色效果图。领导们以形象为建设的最重要的目标是一个普遍的现象。形象当然重要，但是形象能否成立就更为重要。就拿这个案例来说吧，如果不修改规划设计条件，形象则不能保留，但是领导们相信"关系"，他们认为有"关系"，就有办法。那么既然可以变更设计条件，招标的"公平"就不复存在了。

在这样的评判标准下，一些建筑师可以不顾功能的使用，技术的条件，把精力全用在"形象"上，并在"形象"的"寓意"上大作文章。他们忽悠甲方，说这是建筑方案的"立意"，功能问题容易解决。外行就是外行！我们可爱的甲方偏偏愿意听这样的话，也偏偏相信这样的话。只有等到房子建成才发现问题，为时已晚！这种事我已遇见多次。

这类问题的出现，并不是哪个单位、哪个人的问题，其反映的是社会的现象；其中有社会问题，还有如何评价建筑方案的价值以及如何理解建筑师的工作程序和工作方法的问题。

梁思成先生早在五十年前，在新中国的建设中，已经敏锐地察觉到了上述类似问题的存在。为了与民众沟通，1962 年梁先生在人民日报上发表了系列文章《拙匠随笔》。为了让民众能理解建筑师的工作，他写了一篇文章《建筑师是怎样工作的？》。在文章结尾表达了他写此文章的动机："建筑是一种全民性的，体积最大，形象显著，'寿命'极长的'创作'。谈谈我们的工作方法，也许可以有助于广大的建筑使用者，亦即六亿五千万'业主'更多的了解这一行道，更多地帮助我们……"[1] 的确，正如梁先生所说，建筑师的工作必须得到"业主"的理解，得到"业主"更多的帮助。

现在我每一次做工程，都把与"业主"沟通作为头等大事。我要告诉他们我们的工作步骤、工作阶段和该阶段工作的具体目标，希望得到"业主"的支持。凡是业主能理解建筑师工作的，工作就会顺利些。

但是有些业主并不容易沟通。有一次某部委要改造部委大楼，什么原始资料也不给我们，不提设计任务书，部长就要改造。旧楼改造不仅有结构问题，还有设备、功能要求、投资等等问题。但是业主什么也不提供，就要各设计单位一周后出"效果图"。我一看大事不好，只有溜之大吉。

这些领导的口头禅就是"创意"。他们常说："我们这是概念性方案，比一比各家设计师的'创意'！"他们把"建筑创作"当作了"美术创作"。但是"建筑创作"与"美术创作"是根本不同性质的两类问题，所以我想专门谈一谈这个问题。当今的业主还常常请艺术家来评审建筑方案，以为艺术家比建筑师更懂得审美，其实这也是一种误解。"建筑美"与"艺术美"有着不同的审美标准。

二

凡建筑师面对一个具体的实际工程，首先需要了解的是这个工程的目的性，即"为什么要搞这个工程？"，"这个工程包含什么内容？"、"该工程所包括的各功能用房有什么具体的使用和技术上的特殊要求？"、"这些用房之间有哪些必须紧密的联系？有哪些必须严格分开？"、"该建筑的设备标准是怎样的？"、"业主的投资预估？"、"工程建成的时间？"、"业主准备如何进行物业管理？"、"分期建设还是一次建成？"等等。除此而外，建筑师还要了解工程所在地的自然条件、市政条件和周边建筑的现状，包括地质、水文、气候的资料，供电、供水、燃料供应、废水及废气的排放条件等等。当然建筑师还应当去了解政府对该时期、该地块的各种政策、法规的要求、周围的交通状况等等。

正如梁先生说："不言而喻，这一切（指上述的各种要求和限制条件）之间必然充满了矛盾。"，"建筑师'立意'的第一步就是掌握这些情况，统一它们之间的矛盾。"[2]

梁先生非常了解建筑师的苦衷，他说："他（建筑师）的'立意'必须受到……等等的限制。有时他简直是在极其苛刻的羁绊下进行创作。"[3] 梁先生指出：所谓建筑师的"立意"，首先就是要寻找解决各种设计要求和限制条件之间矛盾的出路。

由于建筑设计的上述工作特点，梁先生直言不讳地说："这个'意'（指建筑师在进行建筑设计时的立意）不像画家的'意'那样只是一种意境和构图的构思，而需要充分的具体资料和科学依据。"在这里，梁先生划清了建筑创作与一般的文艺创作之间的界限，也划清了两者之间不同的审美价值和工作方法。因为文艺创作、画家的创作是纯粹精神领域的事，而建筑创作有其"物质性"、"经济性"，受到科学规律的制约。

判断一个建筑方案的优劣，首先是应该判断在各种相互制约，甚至苛刻的条件下，其是否找到了最好的"统一它们之间的矛盾"的出路。这才是建筑方案的本质。

但是当今中国的许多业主偏偏把建筑效果图误当作是建筑方案的本质，看不见、也不去看"效果图"背后所隐藏着的"功能问题"、"技术问题"和"经济问题"。"形象"成了一切，这就是当今中国建筑追求标新立异的原因之一。央视新楼的出现，就是在方案的评审中，失去了科学和合理这个评价标准。

今天的业主，往往把建筑效果图当成了一幅"画"，对建筑的评审变成了评审建筑构图的构思。但如前文所说，五十年前，梁思成先生早就担心这种情况会发生，发表文章，力图阻止；但是这种现象近年来不仅没有减少，反倒更加泛滥。

三

在建筑师的设计步骤上，中国的业主往往在功能和技术问题没有解决之前，就急急忙忙地要看立面图，要看效果图，这是因为他们不了解建筑设计的基本工作方法。他们不知道影响"建筑外观"的因素非常之多，功能问题、技术方案问题、经济问题甚至法规问题都会影响建筑的形式。所以建筑形式问题，在方案设计初期只可能有"意向"，不可能具体。有些业主在不与建筑师沟通，不去讨论建筑的使用问题之前，就要看"效果图"；看完"效果图"后，又不准设计修改，说是领导已经同意，"不准改动！"。还有的业主，甚至在没有"设计任务书"的情况下，就开始了方案竞标工作。这些现象反映的是中国人对建筑的一种误解。

对于这类现象，梁思成先生早有觉察，早在八十年前，他就写道："非得社会对建筑和建筑师有了认识，建筑不会得到最高的发达……如社会破除（对建筑的）误解，然而才能有真正的建设……"

那么在建筑方案阶段，建筑师是怎样工作的呢？由于每个工程的情况不同，入手点会有所不同。一般地说来，如何实现任务书提出的使用功能问题以及准备采用的技术手段，总是建筑师首先必须考虑的问题；与此同时，如何使方案满足城市规划对建筑方案的限制，也是方案前期必须探讨的问题。例如：体量和体积组合问题、外部交通、人流、货流、出入口问题、广场和景点、绿化的布置等。在方案设计的初步阶段，建筑师还必须完成内部空间的组合，内部流线的组织。这些都是在立面设计之前要完成的设计内容。

如果上述问题没有得到落实，立面设计是没有意义的。关于这一点，梁先生又有一段精辟的论述，他说："他（建筑师）首先要从适用下手……必须同时考虑结构……"。梁先生为了解除业主对这样的工作方法的怀疑（大约是梁先生也遇见了业主首先要看立面图或者透视图的情况），又说："事实上，一位建筑师是不会忘记他也是一位艺术家的'双重身份'的。"梁先生指出："在全面综合考虑并解决适用、坚固、经济、美观问题的同时，当前三个问题（指适用、坚固、经济）得到圆满解决的初步方案的时候，美观的问题，主要是建筑物的总的轮廓，姿态等问题，也应该基本上得到解决。"

那么建筑师应该怎样完善业主所希望见到的"效果图"呢？梁先生继续写道："当然，一座建筑物的美观问题不仅在它的总轮廓，还有各部分和构件的权衡、比例、尺度、节奏、色彩、表质和装饰……等等"，"在设计推敲的过程中，建筑师往往用许多外景、内部、全貌、局部、细节的立面图或透视图（现在称作效果图），素描或者着色，或用模型，作为自己研究推敲，或者向业主说明他的设计意图。"

上面这些，就是梁先生关于建筑师是如何完成一个建筑方案的设计过程的介绍。

四

梁思成先生所谈的上述建筑设计方法，近十年来遭到了严重的破坏。在还没有认真地进行建筑功能和技术的研究，就追求建筑的外观效果已成了一种普遍的设计方法，它所造成的功能、技术和经济问题是可想而知的。许多方案招标工作只给建筑师极短的工作时间，而且外部条件和设计要求都不明确，建筑师也就无法深入地进行方案设计了。

在我们的工作中，也遇见一些有经验的开发商和业主，他们都非常理解梁先生所讲的工作程序；特别是有些外资企业，他们对功能要求有时非常苛刻，这是因为他们了解建筑设计。但是更多的中国业主或者新开发商对建筑及建筑师工作的误解极深。特别是一些行政领导，完全不听设计院的建议。他们所制定的工作计划，让建筑师无所适从。他们选定的建筑方案误导了建筑设计的方向。

为了与业主沟通，我写了这篇短文，希望他们能听一听梁思成先生的忠告。我相信梁先生的话："如社会破除（对建筑的）误解，然而才能有真正的建设……"我希望这一天的早日到来。

注释

1. 梁思成. 建筑师是怎样工作的？.1962 .4.29. 梁思成文集（四）.中国建筑工业出版社，1986

2~3. 同注释 1

2012.06.24

与加拿大建筑师的一次对话

我的朋友从加拿大回来，他在渥太华的一家建筑设计事务所工作已经十年了。这家事务所有一百多人，全是建筑师。承担的设计项目主要是政府为百姓建造的公立医院。事务所在加拿大做医院设计是有些名气的。这次他回国路过北京，我们相见。

这些年来，去国外的人不少，但大多数是去读学位的，真正在国外事务所扎扎实实做工程的人并不多。许多国内去的建筑学专业的毕业生大都转了行。前些日子我的另一位朋友从美国回来，他是两年前去的，想到那里去工作，但美国经济萧条，工作不好找，只能返回，所以在回国的人中间真正能从西方学习到工程经验的人实在不是很多。

改革开放后年轻人纷纷走出国门，大家都希望他们能像梁思成、杨廷宝那一代人那样，把西方科学的思想和方法带回国内，可惜在现阶段的中国这件事恐怕还办不到，因为没有生存的土壤。入乡随俗，为了挣钱，他们也不得不迎合甲方，不少人已经放弃了西方设计的理性原则。我们从他们的工作中也无法了解到西方设计界真实的现状。

这次朋友回国，向我介绍了他们事务所的工作情况。从他的介绍中可以看到我们之间的差距，也可以了解到西方设计事务所是怎样做建筑设计的，西方人的建筑价值观究竟在哪里。

下面是我们的一段对话：

问："你们做的是公立医院，公立医院在加拿大大约占多大比例？"

答："70%。"

问："一个医院设计，你们的设计周期有多长？"

答："三年。一个 3000 平方米的医院也要三年。"

问："为什么要这么长的时间？"

答："因为设计得细致。我们设计的每一个房间都要与使用者直接见面。我们要做家具布置，病床放在哪里？各种管线布置在哪里？从医疗设备和器具的位置，到医生用的电脑位置和各种电器的插口的定位都要做，而且每个医生的要求都不完全相同，我们的设计因人而异。设计好的图纸在施工时管线从来不会打架。"

问："你们的业主最关心的是什么？"

答："功能和投资。"

问："你们做方案要向医院院长汇报吗？"

答："医院院长只管与事务所签合同，他要管投资控制。图纸设计完成后要交第三方做工程预算，如果超过了政府投资，必须修改设计。

我们设计时功能设计只与使用者沟通。"

问："中国有的业主在功能都未完全明确时就要效果图，而且凭效果图确定建筑方案，选择设计单位。效果图定了后，再去凑功能。你们那里，业主怎样对待形式与功能的关系？"

他听完我的问题后笑了，他说："我们不做立面设计，根据外部和内部的条件，我们组织好环境、功能和流线。门窗的尺寸和位置都是根据使用的合理性决定的。我们只是做一些立面的处理。某次一个医院设计，方案已经做好，交给我做立面，我只花了半天不到的时间，画了一张草图做了一点立面处理，就通过了。"

问："你们是专业事务所，与其他事务所是怎样配合的？"
答："合同关系。如果因设计原因造成配合单位的返工是要付费的。"

问："如果由于业主的原因呢？"
答："业主付费。"

问："怎样保证各专业配合的准确性？"
答："靠计算机软件，我们全是采用'外部引用'的办法来制图。无论哪个专业做了设计修改，别的专业立即就知道了。"

问："你在国内也做过多年设计，你认为与在加拿大做设计有什么不同？"
答："加拿大的设计要细致得多。比如在中国，窗台高度总是900

毫米；但在加拿大，我从来没有做过900毫米高的窗台——窗台高度是由砌块高度和构造来决定的，可能是950，也可能是880。他们的设计周期也要长得多。我刚到那里想去找份工作，我把我设计的工程图纸带去给他们看，他们都不敢相信，我怎么可能在一年里完成规模那么大的几个工程。"

问："图纸要做到什么深度？"

答："我们是没有标准图的，一切都要设计。比如设计幕墙要画幕墙构造，当然最后还会有幕墙公司的配合。"

问："设计政府工程，政府要进行方案招标吗？"

答："一般不做方案招标，政府根据设计单位的工程业绩，设计实力，在几家有同类工程经验的单位中去选择。上一次有个工程我们就没有被选中，让别的事务所拿走了。"

问："事务所内部是怎样管理的？"

答："我们是公司制，公司对员工的管理是严格的，每个员工都要记录下自己每天七个半小时的工作情况，如几点到几点做了什么项目的哪一部分工作，向你的上级汇报。每个项目都有专门的人负责。每周老板都要召开各项目负责人的例会，所以老板对全所一百多人的工作情况都十分清楚，对每项工程的状况也非常清楚。"

问："管理层的待遇是否比一般设计人员的工资高？"

答："不一定。管理层是年薪制，加班没有钱。设计人员有底薪，多劳多得，加班可以拿加班工资，加班工资很高，所以公司一般不希望员工加班。"

问："与国内设计公司相比，你还觉得有什么不同？"

答："每个项目公司都要派工地代表，这些人一般都有设计执照，也就是注册建筑师，他们有丰富的工程经验，工资一般都比较高。"

我相信上面这个对话一定会对中国的建筑师们有所触动，对设计院的内部管理有所帮助。我希望大家一起来思考：什么是现代主义的科学的设计方法？什么是"功能主义"？建筑是艺术吗？现代主义死亡了吗？我国现行的设计流程是正确的吗？我国民众的建筑价值观是正确的吗？我们业主选择方案的标准是与国际接轨的吗？外国人为什么在自己国家做设计如此强调实用和经济，一到中国就追求标新立异？到底原因出在哪里？

2011.09.17

谈谈建筑寿命

一

前几天朋友邀我去参加一个关于建筑地下工程防水技术的会议。会议的议题是建筑的防水如何与建筑同寿命的问题。

谈到寿命，原本是指生物的寿命。生物是有生命的，有生命才有生和死，才有寿命的问题。除生物之外，其实万物都是有寿命的，包括所有的"人造物"在内，无论汽车、飞机、火车、人造卫星等等，或是各种生活用品、服装、电脑、电视、手机等都是这样。对"人造物"来说，人们普遍认为当它的"使用价值"丧失时，它的寿命已经结束。

在所有的各类"人造物"之中，建筑物的寿命大约是属于最长的那一类的了。到底建筑物的寿命可以达到多长，其实至今人类还是没有研究清楚的。我们撇开那些已经失去使用功能意义的建筑物或构筑物不谈，这类建筑如埃及神庙、希腊神庙、中国的长城、玛雅人的祭坛等等，就说还具有原建造时的建筑功能，并且仍然质量很好的建筑，其寿命长达几百年，甚至上千年的也有不少。罗马的万神庙（穹顶直径 43.2 米，顶端高度也为 43.2 米）就是其中的一个。它建于公元 125 年，至今寿命已接近两千年了。至于欧洲中世纪教堂，那就多了，它们至今都有600~800 年以上的历史。巴黎圣母院、科隆大教堂、西敏寺教堂、牛津大学神学院等建筑，现在都是活着的建筑。至于欧洲文艺复兴之后的建筑，例如佛罗伦萨主教堂（外层穹顶直径 45.52 米，教堂总高 107 米）、圣彼得大教堂（穹顶直径 41.9 米，内部顶高 123.4 米）、圣保罗大教堂等就举不胜举了。这类建筑大多是宗教类的建筑，因为宗教没有死亡，所以建筑还活着。

就人类的建造技术而言，建筑的寿命是可以很长很长的；这与汽车、飞机等的寿命不同，因为人类目前还没有技术使这类产品做到长寿。

既然所有建筑几乎都可以成为"世纪老人"，但为什么当今中国这样的建筑却并不普遍？那么决定建筑寿命的因素究竟有哪些呢？应该如何来决定建筑的寿命，就成了我们应该研究的问题。特别是在今天，在中国正在大规模进行基本建设的时期，研究建筑的寿命问题就变得十分重要。因为这个问题涉及投资问题、经济问题、地球资源的可持续问题、未来的城市发展问题等等。

二

那么建筑的寿命指的是什么呢？一般的人们认为建筑随着岁月的流逝，由于长期的、自然的、气候的作用，风吹日晒、空气污染，建筑材料被侵蚀，新房子变成了旧房子，最终使建筑物遭到破坏，人们放弃了对这些建筑的维护，这就是建筑的寿终正寝。但这仅仅是建筑死亡的一小部分原因。大量建筑的死亡是由于建筑遭受到了不可抗拒的自然或人为的灾害而造成的。这些原因包括地震、洪灾、风灾、火灾、雷击等不可抗拒的自然力的破坏；也包括战争、宗教、政治、经济、文化等原因，人们主动对旧建筑进行破坏和拆除，扼杀了建筑的生命。

在欧洲，由于战乱和"蛮族"的统治，人为的原因才造成了罗马教堂的衰落和死亡。中世纪哥特教堂的兴起伴随着封建神权的独裁。但是由于天主教和基督教的存在，所以哥特教堂仍然保留至今。类似的情形中国社会同样存在。中国木构建筑的艺术水平在唐朝达到了顶峰，但至今被保留者仅存山西五台山佛光寺、南禅寺两处佛殿；其余除自然灾害破坏外，大多是被战争和人为原因故意所致。梁思成先生在《中国建筑史》中有一段记载，摘录于下："唐代佛寺道观，功德所注，多在壁画塑像。两京寺观，几无不饰以壁画，吴道子、尹琳、杨廷光、韩干之流，均以壁画名于当代，而杨惠之、窦弘果之辈，则以塑像名著也。安史乱后，至唐末五代，兵燹频仍，会昌显德两次灭法，建筑绘塑遭大厄，加之以木构难永固，吴杨遗作至今遂荡然无存。"[1] 所谓"灭法"，就是因为皇上不信佛，故下令将所有佛殿毁光。佛光寺、南禅寺因地处深山老林，政令不达，才免于"死刑"。不仅唐朝如此，直到21世纪的中国仍然如此。20世纪的北京城的改造和"文化大革命"不知中断了多少中国建筑的"寿命"。当今新农村的建设又不知毁去了多少有价值的传统城镇、村落和精美的传统建筑。

所以终止建筑生命的原因，除去技术层面的，更多的原因是社会的。在社会原因中，由于社会的进步，那些原有建筑的功能不能适应，而且这些建筑历史和文化的价值不大，需要重建，这是正常的规律。但是很多情况不是如此，上述中国建筑中发生的现象都是属于人为的破坏，是因人们的无知和狭隘所造成的。这是我们应该记取的教训。

终止建筑生命的另一个原因，就是建筑初建时的质量和对该建筑寿命的预期以及城乡建设规划的前瞻性问题。20世纪七、八十年代所建建筑现已毁掉不少，大多是由上述原因所致。所以建筑的寿命是与建筑所处城市的规划的"稳定性"与"持久性"相关。一个民族建筑寿命的长短反映的是这个民族在基本建设问题上的"科学性"和对建筑寿命的"期望值"。在这方面中国传统文化与西方相比存在很大的不同，现作一粗略的对比。

三

中西方在建筑文化观念上的不同，我曾在《建筑是什么》一书中有所讨论。现在就对建筑的寿命问题，即对建筑的"耐久性"问题的看法和对建筑寿命的"预期"，两种文化的差异，再做一些说明。

中国人对建筑的认识，是在长期的中国社会制度、经济和文化中形成的。一般的中国老百姓由于长期的贫困，认为建筑的目的，就是为了遮风雨、避寒暑，没有过高的企求。由于几千年来朝代的不断更迭，中国的百姓历来惯于生活在战乱、动荡的环境之中，所以他们对建筑寿命的期望是不高的。中国的封建皇朝，长的三百多年，短的几十年，甚至几年，这种更迭，大多以"武力胜负"的形式出现。战争中，纵火烧房是最常用的办法，据传，项羽反秦，火烧光了"阿房宫"，所以连皇家建筑的寿命都不太长，何况民间的建筑呢？即使在中国封建社会最为稳定的时期，所谓的"贞观之治"到"开元之治"，或者"康乾盛世"，其实真正没有战乱的时间也都不算长（也就百年左右）。到了唐玄宗（开元之治），"安史之乱"爆发。到了乾隆末期，白莲教起义，百姓又处在战乱之中。杜甫生活在盛唐，他的名句"安得广厦千万间，大庇天下寒士俱欢颜……吾庐独破受冻死亦足"，反映了安史之乱给建筑造成的巨大破坏。

政局的多变，即使是社会的上层，所谓官宦人家，其命运也掌握在皇权之手，往往是朝不保夕。今日的王公贵胄，明日可能就是阶下囚。而且在这种封建统治之下，一人犯法株连九族，抄家和没收房产是必然的措施。《红楼梦》所描绘的贾府就反映着中国社会特有的这种现象。这也与欧洲社会历史上，存在着一个相对稳定的贵族社会的情况有所不同。在这种社会结构之下，谁还会奢求建筑的永恒呢？

由于中国长期自给自足的小农经济，中国人的社会结构是围绕着家族的血缘关系而建立起来的。中国人的公共社会生活很少，"鸡犬之声相闻，老死不相往来"。民众的交往大多以家族为中心。这是中国传统建筑中缺乏欧洲那样的社会性的大型公共建筑（大剧场、交易所、大浴场、斗兽场、体育场）的经济结构上的原因。几千年的封建帝制，为了统治的稳定性，统治者十分害怕民众之间的社会交往，所谓"结党营私"就是当时最大的罪名，就连大臣们之间也不能随意走动，以防"朋党"之嫌。封建统治压抑了人性，更使得大型公共建筑的类型在中国不能得到发展。

中国的传统建筑主要是居住类的建筑，宫殿也是皇家的居所，衙门就是官家的府邸。前面办公，后面居住。公共建筑如祠堂、庙宇等建筑，建筑单体都不大；在建造术方面采用了与居住建筑相似的方法。由于大型公共建筑功能和技术复杂，所以是建筑进步的"领头羊"。中国传统建筑失去了这个"领头羊"，也是造成中国建筑的营造技术在封建社会不能进步的重要原因。

但是在西方社会，建筑发展走着与中国建筑不同的道路，在对待建筑寿命的期望值上，也远远不同于中国人。

从埃及神庙开始，希腊神庙、罗马神庙、拜占庭教堂、哥特教堂、东正教教堂、宗教改革后的教堂，一路走来，欧洲建筑在古代的发展中一直有着一只"领头羊"在领跑，这就是宗教建筑；紧跟其后的是欧洲的公共建筑，希腊剧场、罗马斗兽场、交易所、公共浴室等；到了文艺复兴之后，资产阶级开始登上历史舞台，公共建筑的类型就更加丰富了。剧院、银行、法院、交易所、工厂、火车站、码头等为资本主义发展和为资产阶级服务的建筑都陆续产生。

在西方建筑的发展史中，宗教建筑一直是社会最为重要的建筑类型，其建筑传统文化中，一直包含有宗教建筑文化的内容。我以为，其中有以下几点是与中国建筑传统文化很不相同的。

1. 西方人追求建筑寿命的永恒性。宗教建筑不是为人的居住而建造，而是为神或者上帝而建造的。因为他们认为上帝是永恒的，所以建筑也同样追求永恒。不管政权如何更迭，宗教建筑是不会被破坏的，除非是战争。

2. 为了永恒，建筑的结构安全性必须放在建筑诸要素的首位。"坚固"成了建筑三要素之首（古罗马维特鲁威《建筑十书》，建筑三要素：坚固、实用、美观）。

3. 因为对建筑寿命的高期望值，欧洲大多数建筑都选择石材作为主要的建筑材料。至于民间的居住建筑，由于对它建筑寿命的期望值较低，所以采用木结构的也不少。至于贵族的府邸和城堡，有着保持贵族的社会地位的稳定的社会条件，他们同样选择以石材作为主要的建筑材料。在中国，这种建筑现象同样存在，当中国人期望建筑的耐久性时，同样采用砖石结构，例如佛塔、陵墓和桥梁等。

4. 为了追求建筑的永恒，也是由于对宗教建筑寿命的预期值高，欧洲工匠在建造时，慢工出细活，把建造的质量放在首位，从不抢工。一个教堂要建几十年，甚至上百年也并不稀奇，这是因为宗教的稳定性。例如西班牙高迪设计的"神圣家族教堂"从 19 世纪末开始建造，至今已一百多年，还需多少年才能建成也不知道。这种慢工出细活，毫无功利色彩，工匠们抱着虔诚的心，他们是用心在建造，这就是西方建筑艺术的最高造诣产生在教堂和神庙之中的原因。一个建筑的建造要花费一、两百年，证明了建造者对建筑寿命的预期，起码在千年以上。

5. 中国的传统建筑主要是居住类的建筑。因为人的寿命的短暂，再加上中国社会长年的不稳定，中国人希望寻找快速建造的方法，传统木构就是最好的方法。预制装配体系和快速建造，成了中国建筑文化的重要部分。中国的皇权使得中国的工匠只能因循守旧，皇宫一旦建成，任何建筑都不能超越它。中国的封建统治不利于发挥中国工匠的创造精神。

通过以上的分析，我相信你一定明白中西方建筑文化的差异了。那么在今天我们应该如何看待这两种不同的建筑传统呢？我们应该如何选择对建筑物寿命的预期呢？

四

要选择对建筑物寿命的预期，首先应有一个长期稳定的城市规划。如果城市规划是稳定的，我们提高建筑物寿命才有意义。近年来，大批新建的建筑被毁，其原因就是由于规划的改变。新中国在北京建都之时，若听从梁思成、陈占祥先生的"建议"，尊重前人对北京城的规划，保留整个北京古城，其意义之大是无法比拟的。规划的延续性不仅关系到几幢建筑的寿命，而且关系到整个北京古城的寿命，关系到几千年传统建筑文化的传承问题。

梁、陈的"建议"是根据西方的现代城市规划理论和近现代的文物保护理论提出的，是西方人的思想。

在欧洲建筑的发展过程中，欧洲人也曾经因战乱和"蛮族"的统治，使得古希腊和古罗马的建筑文明湮没了上千年，直到文艺复兴，才重新被发现。欧洲人从他们的这段历史中总结了经验教训，建筑文物的保护逐渐成为社会的共识。这个经验教训不仅是欧洲人的财富，也是全人类的共同财富。当今中国人在进行大规模城市建设中，我们应该吸取这个宝贵的历史经验。

欧洲人在城市规划上的"科学性"、"前瞻性"、"稳定性"是最值得我们学习的。我想举几个例子来说明这个情况。一个是彼得堡，这是一个 18 世纪初（1703 年）才开始准备建设的新城，迄今只有三百年的历史。三百年来，俄国人坚持着彼得大帝时代的规划设想，经过一代代城市管理者、规划师和建筑师的努力，使彼得堡成为了世界最美的城市之一。彼得堡地处一片沼泽地，河网密布。1716 年开始城市规划，1725 年设立彼得堡建设委员会。他们为了把被河网分割的岛屿联成一个整体，首先建设了 13 座桥，确定了城市的道路系统。在华西里岛前，涅瓦河分叉的地方，建造城市的建筑中心，以给从波罗的海来的远方客人以强烈印象。当时所建的彼得保罗教堂（1733）、美术陈列馆（1734）等建筑确定了市中心的位置。从规划入手建设是欧洲人的传统，其实中国古代城市建设也是规划先行的。对规划的尊重既是对前人的尊重，也是为了阻止建筑的大拆大建。彼得堡 300 年来所建之重要建筑质量都很好，都被保存下来，其建筑风格都有创新，成为了彼得堡的石头的史书。[2] 我相信他们对这些重要建筑的寿命预期，大约是千秋万代。

我们再来看一个新城，巴西的巴西利亚。这个城市是 20 世纪 50 年代才开始规划建设的，当时的巴西总统为了发展中部经济，决定迁都至巴西利亚。该城市是由巴西建筑师尼迈耶负责规划设计的。50 年来，城市完全按照规划建设，任何一届政府都尊重这个规划。这也是实现规划设计的"稳定性"的前提。由于规划设计的"科学性"和"前瞻性"，这个美丽的城市，已经被联合国科教文组织定为文化历史名城。50 年已经成为"历史"！

我是七、八年前去那里的，两件事对我有所震动。是它的道路系统，中心地区的道路采用小的立交系统、很经济，没有红绿灯。道路是单行线，道路中央的绿化带很宽，掉头的道路成弧线，汽车掉头不必减速。我相信 50 年前城市初建时，那里的汽车不会多，现在汽车已经很多了，但并不堵。由此可见，巴西人对城市道路的规划和建设是高瞻远瞩的。一次投资虽然大一些，但总投资则经济得多。这里反映的是他们对市政建设寿命的预期。

另一件让我吃惊的是尼迈耶在规划巴西利亚时，把他的"规划设计工作室"也变成了城市的一部分。大家知道，当时的巴西利亚是一片荒野。为了提高效率，他们搞"现场设计"。设计就需要临时工作室，为了经济，工作室是一组平房，现在这组平房就是巴西建筑学院的一部分，巴西的建筑学会也设在这里。尼迈耶的工作室的墙面上是绘制的规划草图，这里成了"文物"！这就是尼迈耶对他的临时工作室寿命的预期。

大家都知道，凡建设都要投入，追求每次投入的最大产出是现代工程设计的最重要的原则。每每看见当今中国大拆大建的现状，你难道不心疼吗？

欧洲人搞建筑工程，因为对工程寿命预期长，所以从不急急忙忙、慌慌张张。我曾经在伦敦看见他们在盖一幢钢筋混凝土框架的建筑，几个月过去了，房子仍然那样，好像没有进展。那时我住的房子是 20 世纪 30 年代的建筑，建筑已经 60 多年了。它的暖气供应是一个自动化的燃气小锅炉，无人值守。每年到冬季来临前，燃气公司派人来点火，锅炉已经运行几十年，一点没有问题。我们现在的燃气锅炉的寿命有这么长吗？

到欧洲去旅游，路边常会遇见工人在修路，那个细致劲儿，让你目瞪口呆。这是因为修好的路要质量第一，他们希望能用很多年。小时候，有个电影《华沙一条街》，描写二战时，波兰人民地下抵抗组织抗击德国法西斯侵略者的故事。电影给我留下最深印象的场景，就是华沙的地下城市排水系统。其地下排水管线的直径有好几米，简直可以开汽艇，游击队员就在地下排水管里与法西斯对着干。不仅华沙如此，欧洲很多城市都是如此。地下管线被称作是城市的良心。这就是欧洲城市的建设标准，反映的是他们追求城市建设的一劳永逸。

五

上面介绍了西方人对建筑工程寿命的预期，现在再看一下中国的现状。中国现在制定的建设标准与欧洲相比，实在太低。拿城市排水系统来说吧，据说是按30年一遇的暴雨强度来设计的，但是每年到雨季，多少城市要被淹！就连北京也不能幸免。我们把钱都花在城市形象上了，但是我们又得到了好的城市形象了吗？至于地下工程，谁愿意花大力气去搞呢？大约是地下工程没有"形象"，因此看不见政绩。

再说建筑的寿命预期吧！现在的设计标准一共有两个：99%以上的建筑的"建筑设计合理使用年限"是50年，只有极为重要的建筑是100年。[3]我不知道这个标准是怎样制定出来的？为什么要这样定！

把标准定在50年，对于木结构的建筑是可以的，因为木结构的耐久性比较差。这个标准几乎是几千年来中国普通老百姓传统居住建筑的标准。如上文所说，中国人传统建筑观念产生于木结构的建筑文化之中。

古时候人的寿命都不长，所以50年的概念，就是一代人一套新房的概念，如果20岁结婚住新房，到70岁，已是古稀之年。建筑的寿命50年足矣。因为木结构建筑无论是建造还是拆除都十分方便。拆了再盖、盖了再拆，就是一部中国传统建筑的历史。

但是到了21世纪，现在的建筑材料以钢筋混凝土为主，而且大量的建筑都有地下室，这样的建筑怎样改造？怎样拆除？难道50年以后我们还准备把现在的城市再重新翻建吗？如果翻建，且不说造价之高无法接受，建筑垃圾也没法处理。

混凝土是一种永久性的建筑材料，为什么我们不能提高对混凝土建筑的寿命预期呢？早在两千多年以前天然混凝土已经产生，穹窿顶都采用了这种技术。罗马的万神庙已经建成近两千年，如果我们做好对钢筋的保护，耐久性应该是很好的。这样一次投资可能要提高一点，但从长远来说，一定会更经济。这就像欧洲城市的下水道，一劳永逸。

现在建筑设计规范规定的"50年的标准"，常常使我莫明其妙。前些年，我买了一套住宅，其使用权是70年。难道开发商卖给我的房子，是让我有十几年的时间居住在没有安全保障的建筑中的吗？幸好我年纪已大了，不会活到那个年代。其实我们现在居住的建筑到底耐久性如何，只有天知道！

2012.05.13

文章刚写完才半个多月，又爆出新闻：9年前，在沈阳耗资8个亿建成的体育馆现已被拆除。据说，该馆曾是国内最大的室内体育馆。为了害怕遗忘，记之。

注释

1. 梁思成 . 中国建筑史 . 梁思成文集（三）. 中国建筑工业出版社，1985.3

2. 陈志华 . 外国建筑史 . 中国建筑工业出版社，1979.12

3. 我国建设部颁布的《民用建筑设计通则》中规定了民用建筑的使用年限分类，其中规定"普通建筑物和构筑物"为 50 年，"纪念性建筑和特别重要建筑"为 100 年。

2012.06.09

增加建筑寿命可能吗？

　　昨天出差，遇见一位公司的老总，闲聊时，我把近日来对中国建筑寿命的思考与他交流。他是一位跨国公司大中华地区的总裁，是设备厂商。他听完我的观点后，非常同意，也认为提高建筑寿命是件好事。他长年在国外奔忙，对洋人对建筑质量的要求有所耳闻。

　　但他也有疑虑：害怕因提高建筑寿命，建房成本的大幅度增加。其实这是一种误解，建筑的成本的组成是十分复杂的。与建筑寿命有关的成本，主要指的是与建筑结构耐久性相关的成本。而这一块成本在整个建筑成本之中所占比例微不足道。

　　建筑的成本主要包括建造成本（建筑工程及设备安装工程成本）、土地成本两大块，当然还包括资金运作的成本等等。在当今的基本建设中，土地成本往往最大（包括拆迁、市政道路、管线设施等）。拿商品住宅来说，北京售价两万元／平方米的建筑，其单体建筑的建筑安装工程的直接成本仅在 2000 元／平方米左右，只占售价的 1/10。而其中还包括非结构主体的造价:非承重墙体、门窗、装修、屋面防水、室外工程以及水、暖、电等等。

对于不同的建筑类型以及不同结构型式的建筑,其主体结构在建造成本中所占比例不同。愈是高档的建筑,其设备标准愈高、装修标准愈高,结构主体造价的比重愈小。一般说来,其造价所占比例仅为 20% 左右。如果对建筑的寿命预期提高,增加结构主体造价 10%,其总建造成本才增加 2%,它在建筑的总投资中所占比例就更小了,读者自己可以去估算,应该是微乎其微。只要精心设计、精心施工、精心管理,这点钱哪里省不下来?

增加这一点投资,对建筑的寿命的预期可从 50 年变成 100 年。重要建筑从 100 年变成几百年,为子孙万代带来的福祉是无法计算的。将今天的建筑长期地保存下去,这里不仅有经济意义,还有文化及历史的意义。

如果我们在基本建设中,科学决策,提倡理性,在建筑形式上反对形形色色的形式主义,反对追求"奇观性建筑",反对"无用的建造",反对建筑的"奢侈和浮华"和"虚假",其节省下来的投资大概已经足够用来增加建筑的寿命了。

上面的思考是我学习维特鲁威把建筑的"坚固性"和"耐久性"(durability、strength、firmness、stability)放在建筑诸要素首位的另一种解读。

2012.06.03

扭扭捏捏的开放

一

20 世纪 80 年代初，中国的建筑设计界对外开放。境外建筑师开始在国内承揽建筑工程设计项目，设计了一批当时国内还没有的、新的建筑类型：南京金陵饭店、北京建国饭店、北京国贸中心等等就是这样的新建筑。那时候，刚打开国门，中国人还不知道外面的世界，所以业主给了外方设计较大的权限，即让外方按国际惯例，甚至按照他们的设计规范，进行设计（那时候，我国有些相应的设计规范尚未制定）；由于图纸深度做得好（一般都要达到"技术设计"、有的工程甚至做到了施工图深度），对工程起到了很好的控制作用。当时，中国人因为对这类工程不熟悉，在设计中的话语权比较小。有的工程还是外方投资，投资者比较理性，所以这些工程的设计也很有理性；设计这些建筑的境外建筑师都是一批职业建筑师，很务实，所做方案从环境、功能、技术、经济出发，既满足了当时急需解决的社会需求，又给中国建筑界带来了一阵新风。在这一批外方建筑师的设计中，从来没有出现过类似"央视新楼"那样"花哨"的、华而不实的东西。

这类"花哨"的、华而不实的设计的大量出现，首先发生在2008年奥运会的工程之中。产生的原因之一，是因为中国人把奥运工程当成了中国人的"面子"。由于在这类工程中，人们不大在乎"花钱"，失去了"投资控制"的建筑成了挥霍财富的怪胎。"央视新楼"和"鸟巢"就是这样的"面子工程"；现已造成不可挽回的经济损失以及对民众"建筑观念"的误导，其危害之深远已无法以经济来衡量了。这样的设计的恶劣影响早已越过国界，飘过大洋，受到了国际建筑界的否定。"面子"早已丢尽！

现在各地的政府官员仍不知情，天天被中央电视台的"片头"误导；凡政绩工程都以上述工程为榜样，以为这样有"面子"，建筑已经"异化"，愈将不再是"建筑"了。铺张浪费成了21世纪初中国政府工程的特色。

回顾这段历史，我们不应忽略一个历史的史实，这就是在上个世纪90年代初，中国建筑设计界在改革开放中的"制度设计"。这个"制度设计"阻碍了引进西方先进的现代建筑的设计思想、设计方法、工程组织和工程管理。我记得当时的"制度设计"者，为了保护国内的设计行业的利益，以"与国际接轨"为理由，提出"在中国境内从事建筑工程设计，必须具备在中国的设计资质"，要外国的技术人员取得中国的注册资格。这样一来，国外的建筑师、工程师几乎无人能在中国全面执业了。

这个"制度设计"造成了这样的后果：境外建筑师只能完成"方案构思"，工程设计必须由国内设计单位负责完成。这样的制度把一个完整的"建筑工程"肢解，我们已经不能真正了解国外建筑师对工程的全过程控制了。某些"方案构思"者，为了迎合中国官员"好大喜功"、"眼球一亮"的心情，把中国的建筑设计当作个人创作欲望的发泄，从来不再把"经济"作为建筑设计的最重要的目标之一。这就是当前建筑设计界的现状。所以，我以为这样的开放是有限度的，因而也是"扭扭捏捏"的。

我曾在《建筑是什么》一书中，举了这样一个例子：日本佐藤建筑设计事务所在广州"广交会二期工程"建筑方案国际招标中获第一名后，曾找到我们设计院（该项目是佐藤事务所与我院的联合投标），因为他们认为"标书"规定的投资额，不足以实现他们的方案；他们不敢与中国的业主去签订设计合同，专门来向我们请教。为了了解中国的工程造价，他们在中国做了大量的市场调研。

这件事让我非常敬重日本的同行。在日本，有一整套的、完善的工程管理制度，在这个制度里，"方案设计"是与后期的工程设计捆绑在一起的，如果方案设计不能实现"工程的目标（包括功能与投资）"，建筑师负有法律的责任会很麻烦。它同样告诉我们：日本的建筑师有着多么好的职业操守。

我真不知道中国相关制度的设计者，他们是否了解建筑设计的客观规律呢？他们是否了解先进国家的工程控制呢？他们怎么能够把"方案设计"从工程设计的过程中割裂出来呢？

许多文章家们，大肆夸大"建筑构思"在建筑工程中的作用，其实是歪曲历史史实的无稽之谈。密斯曾经说过："如果每天都要想出点新东西来，那我们干脆就前进不了，要想出点儿新东西并不困难，但要把什么东西研究透彻却还真需要付出很多代价。我在教学中喜欢引用维奥雷·勒·杜克举的一个例子。他曾指出，哥特教堂发展的三百年历史中，首先就是对同一结构的形式体系所进行的透彻研究和精心处理。"所以形式上的"新异"，从来不是建筑创作的根本目标。

建筑设计历来是以建好的房子的最终效果来判断其质量和创作水平的。建筑设计的创意必须渗透到建筑设计的全过程中，体现在建筑的空间、材料、技术、构造、节点，甚至包括结构创新、施工手段的创新和设备系统的创新之中，这种创意一直要延伸至室内外环境的塑造，甚至陈设和家具的设计和布置之中。建筑创作，哪里仅仅是"建筑构思"呢？"方案设计"怎么能与"工程设计"有丝毫的分离呢？要知道，建筑艺术的实现就产生在建筑技术和建造过程之中。建筑创作贯穿于设计和施工的全过程。

有个朋友告诉我发生在北京的一个真实的故事：那是室内设计界举办的一次国际性的室内设计大奖赛。比赛仍然是延续现行的设计体制，参赛邀请了多位国际知名的设计师，由他们出方案，国内的装饰公司实施。比赛就要开始，一位外方设计师来到工地，想看一看他的设计。他不看倒好，一看火冒三丈，一句话不说，捡起身边的一根铁棍，向已经装修完成的家具和陈设砸去。他愤怒了，他不承认这是他的设计！当时在场的装修工人被设计师的行为惊吓得说不出话来。工人感到很委曲：自己是按图纸施工的啊！这就是中国的那些"制度设计者"酿造的恶果！在设计中夸大了"构思"在工程中的作用！

其实现代建筑也是一种工业产品，其质量不仅在于设计创意，而且更在于设计的全过程和施工全过程中的每一个细节。君不见，德国原装进口的汽车质量要比中德合资工厂生产的质量要好吗？双方生产的汽车，不仅创意相同，设计图纸相同，连对材料的性能、指标、工艺设计的要求都完全相同，这是为什么呢？我希望那些"制度设计者"和那些文章家们能够好好地去想一想！

朋友，当你了解上述的这些实例后，你是否已经对中国建筑界的"开放"程度，产生了怀疑呢？

我以为，当今中国建筑业的这种"扭扭捏捏"的开放是不全面的。它不仅极大地阻碍了中国建筑业的进步，而且让那些所谓的明星建筑师钻了空子，拿走了大把大把的钞票，扔下了一堆垃圾。

我相信，如果我们不把建筑方案设计（包括方案投标）与工程设计在"制度设计"上进行割裂；如果我们能向国际通行的规则看齐，坚持"方案设计者必须把工程负责到底"的原则，坚持"设计者必须实现方案设计中的种种承诺"，其中包括"在投资控制上的承诺"等等，并制定相关法律，迫使方案设计回归工程本质；中国的建筑一定会逐步回归理性。因为理性建筑的身后是社会的经济和人文的背景，普遍存在着的工程超"投资"的现象将得到遏制。

二

为了进一步说明中国开放的这"扭扭捏捏"的现象，我们可以先来了解一下日本建筑界引进西方的建筑设计时的状态，以便作一个简单的对比。

日本民族自 19 世纪明治维新（1868）之后，全面向西方学习，建筑界如饥似渴地向欧美全面地打开了国门。在 20 世纪初，当欧洲出现现代建筑时，日本建筑界就紧紧跟上，起步时间仅仅比欧洲晚了十年。

关于"日本建筑业现代化的过程"，关于"日本建筑师如何引进西方技术为本国服务"，关于"在向西方学习的过程中产生的种种争论"，关于"西方各建筑流派对日本建筑发展的影响"，关于"他们怎样抛弃了传统的大屋顶（帝冠式建筑）、走上现代建筑道路"等等问题，应该是当代中国建筑界最关心的问题，因为当前的中国建筑界存在着同样的问题。向日本学习，可以借鉴到最直接的经验，因为中国和日本在历史上曾经有过相同或近似的建筑传统文化。同样，日本建筑界在向西方开放时，他们所采取的政策，也应该成为我们今天在"改革开放"中要重点研究的问题。

关于上述问题，童寯先生在 1983 年的《日本近现代建筑》一书中早有所介绍。为了方便读者，我摘其要，简述如下：

日本建筑界向西方的开放是全方位、多层次的。1870 年政府成立了工部省，主管全国的建设计划、工业管理和工厂计划。为引进西方技术，政府聘请旅日的英国工程师瓦特尔斯（Thomas Waters）和法国造船专家作指导。1872 年日本东京银座发生大火，重建时，瓦特尔斯把银座的一条街完全改造成砖砌的两层楼房；这是西式营造方法在日本的出现。1877 年工部省又聘用旅日的英国建筑师康德尔（Josiah Conder）为其服务（当时年仅 25 岁）。后来康德尔转入教育界，1879 年为日本培养了第一批日本国内自己培养的建筑师。其中辰野金吾等人都对日本的建筑发展起到了重要的作用。1885 年康德尔培养出来的第二批学生已经毕业。这时的日本人已经完全控制了日本的建设事业。同年日本工部省停闭，日本政府不再主持建筑设计工作。1887 年之后，日本工业转为民营，日本人已经替代外国建筑师，成为日本建设的主力军。

从 1872 年到 1887 年，短短的 15 年时间，日本人迅速地掌握西方的建造技术，外国建筑师纷纷离日。日本人对西方的新技术发展十分关注。1869 年法国人发明了钢筋混凝土结构，1894 年传入日本，1895 年日本《工学会杂志》就发表了有关钢筋混凝土结构的施工和结构计算的方

法。1903 年日本建了第一座钢筋混土结构的桥梁。1869 年日本人开始
使用钢结构建设桥梁，1895 年建成了钢框架结构的工厂（东京秀英舍
印刷厂）。

20 世纪初，当欧洲开始酝酿现代建筑革命之际，从 1900 年到
1910 年，日本已经开始响应欧洲的"功能主义"思想，欧洲的发展激
发了日本建筑界活跃的建筑思潮。各种欧洲产生的建筑流派的作品和思
潮都在日本的建筑界中产生了影响。日本的建筑潮流逐渐与欧洲同步发
展。1910 年建筑学会主持讨论未来日本建筑样式向西方建筑一边倒的
问题，引起"样式之争"。1914 年，辰野金吾，过去曾是一位坚定的
折中主义的学院派建筑师，他开始转向，主张建筑的"结构性"，抨击
建筑的"学院派"的美学倾向。"建筑是否是艺术"的问题也被提出。
1915 年野田俊彦直接提出"建筑非艺术论"。1925 年德国现代设计的
摇篮"包豪斯"（Bauhaus）学校创办，日本建筑师立即赴德学习，并
在东京开办建筑工艺研究所，仿效"包豪斯"的教学方法。

为了直接向欧洲学习现代主义，一些日本建筑师纷纷去欧洲留学。
岸田日刀出、前川国男、板仓准三等人分别于 1927、1928、1929 三年，
投入柯布西耶门下，在其事务所学习和工作。进过短短几十年的努力，
日本建筑在 20 世纪的 30 年代，已经完全跟上了世界的潮流。

这时的日本建筑师开始走向世界，纷纷在国际性的设计大赛中获奖。
二战以后，日本建筑在现代化的道路上迅速发展，虽然其中也曾有"帝
冠式建筑"的回潮，但已是极个别的现象。1964 年日本东京奥运会代
代木体育场馆的设计，标志着日本设计已经达到了世界的最高水平。

从上述历史中，我们可以清楚地看见：日本人学习西方，就像一个
老老实实的小学生，恭恭敬敬；他们从不固步自封，他们的建筑界充满

着民族复兴的理想也坚守着科学理性的原则。我相信，这就是日本建筑能远超中国当代建筑的根本原因。

纵观日本建筑界的开放改革的过程，我们可以看见的是：改革开放是日本政府、日本建筑师和民众长期坚持的基本国策，是他们的自觉行为。这也是所有的后进国家应该采取的基本国策。

为了民族的现代化，他们能够勇于抛弃一切过去的、过时的传统，无论是个人还是民族都是如此。这是一种勇气，也是一种充满民族自信心的表现。只有强者，才会不怕失去过去，才会敢于"从头来起"！在日本的建筑史中，日本人已经有过两次"从头来起"了。一次发生在中国的唐朝。随着佛教由中国传入日本，中国传统建筑的营造方法、建造技术随寺庙的建设也传入了日本。当日本人发现中国人的建造技术比他们的传统建筑先进时，日本人毅然地抛弃了过去，从头来起。他们在日本推广并发展了中国传统建筑。第二次"从头来起"，发生在明治维新之后。当日本人发现欧洲人的建造术比他们从中国学到的建造术高明时，他们立即抛弃过去，又从头来起。

这是一种多么值得我们学习的精神啊！

三

20 世纪 80 年代，邓小平为首的党中央为中华民族制定了"改革开放"，向西方学习先进的科学技术的基本国策。中国建筑界也出现了轰轰烈烈的改革形势，但是由于改革的不彻底，建筑业已经出现混乱，导致了国民经济的重大损失。为借鉴日本人向西方学习的经验，我们应该比较一下中日双方在引进西方建筑理论和实践方面的不同。

（一）中国建筑理论界、建筑教育界的不作为

长期以来，日本建筑学术界一直重视建筑理论工作。如上文所介绍的，早在 1910 年日本建筑学会就开展了关于建筑发展方向的大讨论，出现了百家争鸣的现象，引发的"样式之争"对日本建筑师的理论水平的提高，有着重要的启蒙作用。这样的讨论和理论研究，在中国从来没有过。虽 20 世纪 50 年代也曾经有过讨论，但讨论的目的不是为了百家争鸣，而是为了统一思想。其结果是以错误战胜正确而结束的。至于关于建筑艺术性的讨论，从来是不了了之。中国的建筑界从来没有理论的热情。日本建筑界在 80 多年前已经解决的理论问题，中国至今仍未解决。

中国当今的建筑界少有关心理论者。"建筑艺术论"甚嚣尘上，"理性"被视为"另类"。普遍存在的看法是：建筑设计的水平主要靠"灵感"，而不是靠"理性"；设计不是靠"逻辑分析"，而是靠"手法和技巧"；"理论"何用之有？大家关心的是建筑"流派"和"明星"，而不是建筑"理论"和"原则"。

因为关心"流派"、"手法和技巧"，可以用来挣钱；关心"理论"、"原则"只能有利于社会。社会与我何干？甚至有人认为建筑是没有原则的，业主要什么就给什么。建筑设计失去了评价标准，因而也就失去了发展方向。

中国的建筑理论界和教育界在引导中国建筑发展方向上、在面对混乱的建筑业的现状上没有作为。

（二）建筑业在对外开放问题上的不全面和不彻底，"扭扭捏捏"

为了学习西方，日本政府聘请欧洲人进入政府管理部门，请西方人来办学。他们请西方人到日本开业，从事建筑设计、工程设计，允许西

方人在日本营建工程。赖特在日本设计"帝国饭店"的事情，在建筑界大概无人不晓。中国目前的开放度还远远达不到日本社会的一百年前。

与日本的开放相比，我们人为设置了很多障碍，如上文所描述的那样；这使得国外先进的设计思想、设计方法、设计团队不能真正进入中国。中国人也不能向他们真正学到工程技术、企业管理、工程管理的实际经验。

中国人常常拍脑袋，另搞一套。我曾经遇到过这么一件事：很多年前了，我作为一位评委参加一次某工程的方案的国际评标工作。参加的设计单位一家是美国公司、一家是香港公司，一家是内地的。香港和内地的公司在投标中，都绘制了大量的彩色效果图。第一轮方案未出最终结果，业主要求参赛单位再做一轮。在第二轮评标会议上，这家国际知名的美国公司送来了一封信。信上是这样写的："……经研究，我们公司决定退出这样的'比图'式的方案投标工作……"，退出了设计。其实这家公司设计这类工程有着非常丰富的实践经验。他们完全不理解中国人在方案投标中，为什么要绘制那么多的彩色效果图，还要搞"多媒体"演示？

产生类似问题的原因，当然是因为开放得不彻底，我们并不了解世界。

再说中国的建筑设计行业吧！改革开放已30年，设计院内部的管理仍然远远没有达到国际标准，甚至没有人能说得清，"在市场经济下设计院应该如何管？"

20世纪50年代，各大设计院来了一批苏联专家，靠苏联专家在短短几年里就建立了我国设计院的系统。这些设计院至今仍是我国设计骨干。所以今天中国设计院内部管理的混乱，在我看来，仍然是我们的设计行业的开放不够。

另外国外的建造技术、工程管理、施工、监理等都不能在中国起到工程示范作用。今天中国的建筑质量存在着大量的"老、大、难"问题，这也是使得中国建筑质量长期得不到提高的重要原因之一。在建筑教育问题上，日本人请外国人来办学，我们也远远没有达到这样的开放程度。在建筑创作问题上，应彻底改变外国人出"创意"，中国人"实施"的怪现象，坚持"建筑设计"的完整性，并以此杜绝个别外国建筑师不负责任的行为。

凡是后进的国家要赶上先进的国家，最为重要的方法就是向先进的国家进行"开放"。在建筑历史上，成功的先例非常的多。在古代欧洲各个建筑历史时期，各民族之间的交往，工匠的流动使得他们的技艺在不断地传播、交流和融合之中。这就是欧洲建筑文化丰富灿烂的原因。俄国彼得大帝时期，为了建设彼得堡，彼得大帝聘请了大批西欧的建筑师和工匠。这些人带来了西欧先进的设计和建造的技术，快速地提升了俄国建筑师和工匠的技艺和水平。

与彼得大帝相比，中国建筑界的开放还远远不够。我们的开放是那样的"扭扭捏捏"！

2012.04.2

上海，你也变了吗？

中国人穷了几百年，过穷日子，我们会穷对付。20 世纪 50 年代初，国家开始和平建设，刚缓口气，就开始折腾，一直折腾到三年困难时期。困难时期刚过，稍有一点钱，又开始折腾。中国改革开放 30 年，钱又有了一点，有些人又开始折腾了。现在全国各地大兴土木，建筑奢华之风盛行，就是一种折腾。

近年来鄂尔多斯地区，因开采煤矿而暴富。当地政府和民众发疯似地开发房地产，据说当地居民平均每户都有几套房，根本住不了。大约是钱太多了，把钱变成"房子"，看着高兴。现在民营企业资金极其匮乏，他们不会去投资；他们也不会去做慈善，尽一点社会的责任；有了钱就去买房。这些都是前现代社会思想的表现。近日新闻报道，山西某富，为女儿出嫁，在三亚举办婚礼，耗资七千万元；这种挥霍的现象又一次反映了中国某些"阔佬"、"大亨"的"暴发户"心态。

中国人上述这种对财富、对建筑的认识，反映的是中国人的落后观念，是长期封建社会的余毒。近来我读陈志华先生的《北窗杂记》，书中有多篇文章谈到这个问题。

在《北窗杂记》（九五）中，陈先生讲了个例子，很有代表性，我介绍给大家。这是发生在陕西和甘肃边界上的一个小小的窑洞村落的故事。那里的人们都很穷，除了五位高中毕业生。五位年轻人有文化，他们种苹果选用"红富士"，当地农民不会种也不敢种，结果他们卖了好价钱，有了点"积余"。当地有个风俗，住窑洞的小伙子娶不着媳妇，于是村里人把每年省吃俭用的钱全都攒起来，准备盖新房。而这五位年轻人却不是如此，他们把"积余"用来再投入，结果小麦大丰收，他们仍然住在窑洞中。他们认识到了"资本"的力量，现在是媳妇上了门。

这个故事虽然很小，但反映的社会现象却很深刻，它也反映了两种不同的建筑观念。一种观念将建筑当作是身份和财富的象征；一种是把建筑看作是生存的手段（居住的机器），而把创造财富作为生存的目标。前者的观念是中国人的传统文化，后者的观念是现代人的思维方式。

在中国的许多人看来，住房代表着身份。为了这个虚妄的"身份"，宁愿受穷；所以中国人是活在"面子"中的。他们不知道节省下来的钱，首先应该去发展生产。为了"面子"，他们宁愿在客人面前"摆阔"。这种现象在越是落后的地区，越是严重；因为那些地区受现代先进文化的影响小。但是在上海，这个最早西化的城市中，人们的观念早就发生了变化。

举个例子，就说请客吃饭吧。愈到落后的地区，吃饭场面愈大，陪着吃饭的人愈多，劝酒的方式愈多，吃完饭后的剩菜也愈多；因为主人要"面子"。而在我所熟悉的上海和苏南地区，情况就不完全相同。那里的民风比较讲求实际，请客吃饭一般是"不劝酒"的。只要你申明不喝酒，不会有人强迫你。请客时，菜量不大，够吃即可。菜吃得干净，主人感到高兴。所以"上海本埠菜"的菜量小，这些大约都是受了西方文化的影响。许多人称上海人"小气"，大约也有这方面的原因。

但是上海人的这种精打细算的作风，对于现代建筑设计却是十分重要的品格。所以我对上海的建筑印象大多不错。

效率、逻辑、理性、精明是上海人给人的印象的好的一面，这些也都反映在上海的建筑中。我曾经读过上海同济大学一位教授写的关于"海派建筑"的文章，文章认为上海的建筑细致、宜人、精打细算，我是赞同的。我想之所以这样，主要是由于这是上海人对生活的态度。

我有很多朋友是上海人，他们一切事情都要"算计"，出门"打的"，他们会计算里程，当里程太远，收费单价要增加时，他们会下车，另外再换乘一部，使支付的总费用减到最少。北京人是从来不会这样干的。上海人"打的"，多少年前，早就开始几个人一起"拼车"了，不管这几个人是否相识，只要同路就行；因为大家都觉得这样可以省钱。现在北京为了缓和交通堵塞，也开始提倡"拼车"，但响应者寥寥。大约许多人认为这样做，太失"面子"。上海人如果乘公交出门，也会算计如何"倒车"，花费便宜。没有有些地方人的"穷大方"。我接触的上海人凡做事都要算经济账。在"面子"和"里子"的选择上，他们往往更重视"里子"。在做任何事之前，他们要算账。他们常问的话总是："啥样格算？"所以上海的经济搞得比较好。

除去上海人精明外，上海也是中国工人阶级的摇篮。在那里你可以看见产业工人的朴实和品格。如果你在上海要问路，你去问那些工人模样的老人，一定会得到满意的回答。我大学毕业后，分配在中建一局工作，那时正是"文化大革命"期间。社会上把我们称作是"臭老九"，但工人师傅对我们却很不错，这些师傅中不少是上海人。他们是在上个世纪 50 年代初，一局组建时，从上海抽调出来，支援全国建设的。因为他们在上海工作过，所以技术水平高，都是企业的骨干。

当时，我工作单位的"革委会"主任是位八级钳工，上海人，姓顾。他对我们这些从大城市到三线工作的大学生，很同情、也很关心，大约因为他也是十几年前，从大城市被调配出来的吧！他理解大家的心情。有一天，他到我们办公室来，看见我正在做设计，这是他交办的任务。他看了看桌上的图纸，很有感慨地对我说："你们不简单哪，大学毕业有学问，我可是大老粗啊！"停了一会儿，他又说道："我是钳工出身，不懂土建。盖房子我是外行。你们不要因为我是领导就不敢说话，我错了，就顶我。你们一辈子都要记住：在技术问题上，一定不能让步！"他为什么要对我说这段话，我至今也不大清楚。今天回想起来，也许多年来，见过行政干预技术的事太多了，他也十分不满。临走时，他又补了一句话，他说："如果你们听了我的话，工程出了问题，我是没有责任的。到那个时候，我可以说：'我是外行'……"。他如此直白、坦率、真诚的语言使我永远记住了他——一个上海的老工人，我的领导。

四十多年过去了，我遇见过不知多少位我的上司，也遇见不知多少位领导我的"业主"，谁会这样坦诚？只有这么一位工人，一位在工业化大生产中培养出来的人，才会具有这样的性格。我很感谢他的忠告。

每当年青人刚走上工作岗位，我都要向他们讲这个故事，希望他们能够忠于职守。

还有一位上海人，他姓余，曾经是南京中央商场的基建科长；认识他时，他已到退休的年龄，那是 1982 年，我刚到南京工作。他是解放前在上海学徒出身的老职员。他的工作极其周到，办事干练。对待解决技术问题、选择技术方案，他总是认真地听，不时要提出问题。他非常尊重技术人员，该业主方办的事，从不推诿，说到做到。几个回合下来，我们已成知己。以后这样的甲方我几乎再也没有碰到。他的工作能力和作风也只有在上海这样先进的地区才能养成。

20世纪90年代，为了做博物馆的设计去参观"上海博物馆"。接待我们的是当时已经退休了的博物馆马馆长。他是一位文物专家，负责"上海博物馆"筹建工作的甲方。他整整陪了我们一天，从博物馆的选址、当时存在的困难、方案的选定，一直介绍到设备的选型，俨然一位博物馆的建设专家。上海博物馆的展品陈列设计是由馆方自行承担的。他介绍了他们到世界各国调查后的收获，展品陈设设计应注意的问题，以及与建筑设计的关系等等。他对博物馆的介绍，如数家珍。他对文物事业的饱满的激情让我心生敬佩，而且因为他是年近退休才转行基建的，却能干得如此的出色。从他的身上我又一次看见了上海人的敬业精神。从博物馆出来，我十分羡慕上海的建筑师们，因为他们有这么好的甲方。

据文物界许多人的介绍，"上海博物馆"的展陈设计在国内是第一流的。这让我更加相信："一个好的设计的出现，一定要有一个好的业主、一个好的社会环境。"我相信上海在中国，对于建筑设计来说，大概应该算作是一个最好的环境了。

上海，曾经是中国与西方文化最接近的地区。几十年前，它曾是亚洲最欧化、最繁华的城市。它有丰富的西方建筑的文化遗产，这对于它向西方再次打开大门，接受最新的建筑设计，有着最好的土壤。它没有北京那样沉重的中国传统建筑文化的包袱。它的建筑传统从上海外滩到南京路、淮海路，从来就是"十里洋场"。它还有过去的几个租界区，建筑质量都比较好，建筑风格比较纯正。在上海做设计，可资借鉴的经验比较多。特别可贵的是，上海有着近百年现代城市的管理和建设的经验，那里有一批具备现代设计思想的建设者和能够欣赏现代建筑的普通民众。它的工业化基础好，民众的现代意识好，这些都是现代建筑生存和发展必需的前提。

最近的十几年，我一直纠缠在各种各样的杂事之中，每天忙忙碌碌。上海与北京交通虽然方便，但无事也不会去，对那里的情况已经相当陌生。最近发生的一件事，让我感到了吃惊。我发现上海也在变！变得我几乎要不认识它了。我不禁要问："上海，你也变了吗？"

前几个月，院里的同事告诉我，我们院要与上海华东院合作设计"上海交易会"的展馆。总的建筑面积约 140 万平方米。这是世界上最大的一幢建筑，建筑的平面形状是"四叶草"。建筑平面呈"十字形"，建筑长度达一公里。"

当我听见这个消息后，还未来得及思索，话就脱口而出："上海也疯了！"

我的这个反应之迅速，让我自己也感到吃惊。细想起来，这是因为最近我看见了越来越多的奇形怪状的建筑设计，每看见一次，我都要说一句"疯了！"。"疯了！"已成了我的"口头禅"。

自央视新楼建成之后，中央电视台天天为其宣传，强大的媒体效应，使得各地官员都以此楼为榜样；追求奇观，已经成了他们搞"标志性建筑"的共识。

其实"四叶草"这个方案存在的问题再简单不过了。140 万平方米的展览建筑，一定要分散建设，变成十几幢小一些的独立的建筑，全世界都是这样，这是规律。这不仅可以方便参观者、参展者、布展者、管理者，为他们提供最好的服务；还可以通过规划的分区，使得展览会的各功能系统最高效地运行。分散的独立的建筑便于参观者的选择，便于各展馆的独立更换展览内容、独立经营，便于分散设置为参观者服务的设施，分散的展馆之间联系可以用公交系统，方便参观者，方便残疾人、妇女、儿童和老年人；分散的建设还可以把室外的空间充分地利用起来，用绿化、植被、小品、雕塑、水池、座椅等来改善参观者的条件；减少每个建筑的规模还可以降低各种自然灾害和人为破坏的风险以及降低工程造价；另外分散建设还可以便于建设的分期，从而减少融资的压力和投资的风险等等。

上面这些是我不加思考就可以列出的理由。这些极其简单的道理，难道精明的上海人会不知道吗？当然不会。不仅上海华东院的朋友们一定知道，清华大学的先生们也一定知道。但是大家谁也不说，大约是说了也没有用。

改革开放三十年，在今天到处都资金匮乏的情况下，把社会刚刚积累了的一点点财富挥霍在建筑上。现在许多城市的决策者的建筑观念、投资观念已经退化；甚至不如前面提到的那五位山区的小青年。

近日获悉，这个方案的"创意"是由美国波特曼公司提出的。有人告诉我：许多人对此方案意见很大。他们说：上海市领导被波特曼公司所"忽悠"。既然大家知道领导是被"忽悠"的，为什么不敢去向领导反映呢？想到这里，我又怀念起我那位老领导，一位上海的老工人；他为了工作，希望下属反对他。大约只有这样作风的领导，才能听见真话。

2012.04.15

为政绩而建造

自国家大剧院建成之后，十年以来，全国各地已建大型剧院不下百余座，不仅大城市建，连地级市甚至县级市都有建造的了。上个月，某市领导决定，也要在当地建一个大剧院，我被邀去参加讨论。

近来，中央号召要搞文化产业，各地政府纷纷响应，盖"大剧院"成了一种政绩。为了丰富老百姓的生活，建剧院当然不错，但是为什么要仿照欧洲，建"大型歌剧院"、"大型话剧院"，而且要配置"品字形的机械舞台"呢？这就有点莫明其妙了。

为了说清楚这个问题，不能不费点口舌，介绍一下西方的"大型剧院"是一种什么样的建筑类型？剧场本来就是欧洲文化的产物，从公元前5~6世纪起，希腊人就开始有戏剧表演，剧场开始产生。直到19世纪，随着工业化引起的技术进步，为演出布景的需要，机械舞台产生。最复杂的舞台平面呈品字形，利用机械装置，可以做到舞台的升降、布景的升降、布景道具的左右推出，以及通过转台实现幕间快速转换场景的功能等等。之所以欧洲的剧场设备会发展到如此，无非是因为欧洲人对话剧和歌剧的痴迷，有此需求。但是无论话剧还是歌剧都是西方的剧种。在西方，话剧和歌剧是分别在不同的剧场演出的，因为话剧和歌剧对剧场的声学要求是完全不同的。正是由于这些原因，一个剧院建剧场必须建两个，一个演话剧、一个演歌剧，所以投资十分的大，每平方米造价都要在一万元左右。建一个剧院起码需要几个亿的投资。平时演出还需要政府补贴，成了政府的负担。但是政府明知如此，还是要建。

除特大城市的剧院外，其他剧场建成后却很少作为剧场来使用，因为一是剧目不足，二是运行费用太高，票价贵了民众看不起，为演出，政府每年还要花费大量的财政给予补贴，机械舞台设备几乎闲置，因为这些设备的使用是由剧目所决定的。使用全套机械舞台的剧目大多是欧洲的剧目，中国能演出的剧团本来就不多，更不要说到小城市去演出了。而且西方的剧目，特别是歌剧，大多数中国人根本就看不懂，其实这并不希奇，就像外国人看不懂京剧一样。这些都是简单的道理，领导一听就懂，但是为什么懂了以后，还要建设呢？

就此问题，我询问当地官员。他们告诉我，省内同级别的城市已经有了"大剧院"，他们不能落后。这就是"攀比"。既然目的是"攀比"，所以一切都要"比"，从规模到设备到装修，都要与已建成的剧院比高低。于是中国的大剧院是越建越豪华，从来不从实际出发。凡是舞台都是品字形、全机械的，管它有没有用，管它用不用得起？

李畅先生，中央戏剧学院的教授，研究戏剧六十年，他说："现在到处盖剧场，但是创作跟不上。"一针见血地指出了剧场建设中的乱相。我的老师李道增院士研究剧场一辈子，他的研究生多篇论文研究上述现象，虽然指出了问题，但无人买账。

中国人自古以来有着自己的戏曲传统，中国式的戏院有着自己特有的文化。中国的舞台不需要大。舞台太大，演出气氛还会变差。中国人的戏曲、相声、小品的表演体系，与欧洲人的表演体系也完全不同，舞台布景及道具抽象更不需具体，盲目盖西方的大剧院，完全不符合国情。上个世纪二、三十年代，话剧在我国发展到了鼎盛时期，曹禺先生几部话剧的演出，也根本不需要西方如此机械化的舞台。所以中国的"大剧院"建设，可以说是"食洋不化"的典型，没有用而要建，为"高档"而"高档"；这只能说是为了"面子"、为了"政绩"。

当官要"政绩"，其实并不错，只是应该知道什么是真正的"政绩"。

前些日子，因接送孩子们上学的校车出了事故，发生惨案，现在政府赶紧出台关于校车标准的有关条例。条例草案一出台，反应不小，校车标准定得那么高，一般学校怎么用得起？

我记得小时候，从来是步行上学，一个中学里自行车也没有几辆，哪里需要校车？过去计划经济，在城市规划中，居住区有个"千人指标"[1]，里面规定了幼儿园、小学、中学的规模和服务半径。1980年代初，我们规划南京南湖小区，用地60公顷，住宅面积60万平方米，住一万户居民，建了一个中学、两个小学、三个幼儿园。现在呢？不知道什么原因，"千人指标"不再执行。开发交给了商人，谁肯去盖学校？由于学校布点稀，再加上校际之间资源悬殊，才会出现校车问题。所以合理的规划才是解决校车问题的根本出路。

现在大家一谈到教育问题，总说没有钱。真的是这样的吗？我们现在来算一笔账：少盖一个大剧院可以建多少个中、小学？一个中小学以18班计算，每个学校容纳学生约900人。按教育部的规定，人均校舍建筑面积约8平方米，也就是说一个学校需要建7200平方米的校舍。

对于贫困地区，造价以每平方米 800 元计，建造一个学校校舍的钱，约需 576 万元。以一个剧院花 4 个亿人民币来计算，少建一个剧院，可建近 70 个中、小学，而且这些学校标准不会太低。至于山区里的希望小学，因为规模更小，所以会建得更多。

前些日子，报刊上报道了一位教师出身的县长，他深深知道教育对贫困县有多么重要，于是他把县里可以节约的资金都拿来办学，直到今天，他们县政府还在破旧的办公楼里上班。看了这个报道，我十分感动，心里想，这难道不是政绩吗？

所以"建造为政绩"并不一定错，就看是什么样的建造和什么样的政绩了。

注释

1. 千人指标是 1980 年国家建委提出的居住区级及小区级公共服务设施指标，多年来在各地的城市住宅小区规划设计实践中一直具有一定的指导意义。千人指标指进行居住区规划设计时，用来确定配建公共建筑数量的定额指标。一般以每千居民为计算单位，故称。千人指标包括两级：居住区级公共服务设施指标；小区级公共服务设施指标。千人指标按建筑的不同性质采用不同的定额单位来计算建筑面积和用地面积，例如：中小学生以每千居民有多少座位计算，而医院则以每千居民多少床位计算。

2012.01.25

老局长

做工程，难免要遇见各种各样的行政领导。近年来，某些领导所做的事，大约就是凭其感觉，对着彩色效果图，圈定"方案"和逼着设计院限期出图。他们所定的出图时间，从来是一厢情愿，出图是没有合理的设计周期的。据说，这就是"市场经济"和"卖方市场"。在中国，设计已经被剥夺了话语权。前些日子，我到某地去参加一个工地的"开工奠基典礼"，因为该项目是我们规划的；在这次典礼中，我又碰见了这么一位领导。

"开工奠基典礼"是中国官方建筑运行流程中的一项发明。听其名，谁都以为工程已经开工了，但事实上完全不是如此，因为这时连图纸的设计工作还没有开始。之所以要提前举行"开工奠基典礼"，大约是为了让媒体早早把信息传达出去，彰显政绩。

在典礼仪式上，我就遇见了一大批行政领导。既然是"典礼"，领导就要讲话、作"指示"。听了指示，我只能暗自叫苦，我知道设计和施工单位又要倒霉了；因为这位领导已经向媒体宣布："今年年底工程要投产。"这些年来，我已得出经验，凡做工程，我都害怕遇见有人"立功心切"。无论此人是政府部门的、业主方的，还是设计方内部的。我常说，中国人有句俗语"一粒老鼠屎毁了一锅粥。"立功心切的人就是那粒"老鼠屎"。一个好端端的工程又要被搞乱了。凡遇见此类工程，我下意识的念头就是"逃"，以求自保。

中午大家聚餐，我遇见一位年纪稍长的工程技术人员，谈起现在的这类现象。他告诉我，近些年来，行政领导的话语权越来越大。我也有同感，凡政府工程定方案，总是当局的最高长官一锤定音。在决定方案的问题上，其他人总是闪烁其辞，吞吞吐吐，看着领导的脸色行事。一旦领导发话，无一人敢于据理力争，这就是现在的"科学决策"。这样的事，我不知遇见了多少次。在工期问题上，也是同样，"人有多大胆、地有多大产。"

晚上回到宾馆，久不能寐，大约是年纪大了，愿意回忆往事，一位老局长的形象浮现在我的脑中，他就是我在中建一局工作时，遇见的一局的副局长杨明。那时候，我很年轻，与杨局长接触并不多，但他给我留下了极好的印象。他的形象代表着他们那一代干部的品质和工作作风。

杨局长是位老干部，我参加工作时，他的行政级别已是 12 级，算是高级干部。那时的中建一局号称是建设部的南征北战的"铁军"，杨局长是主管生产的副局长，可见其身经百战的经历会有多么丰富。"文革"中他是比较早就被解放出来的老干部，我参加工作时，他是国家三线建设某重点工程的副总指挥，实际上是施工单位的领导，具体干活的。

与现在的中建系统的各工程管理局不同，那时的工程局是现场局，听中央的指令，国家哪里需要就到哪里去。一局的前身，是从解放军部队转业了一个师，与地方的建设力量混编，成为当时建筑工程部的直属公司，成立后的第一个建设项目就是建设长春第一汽车制造厂。以后，随国家需要，转战黑龙江富拉尔基、四川德阳、东北大庆油田、湖北荆门、北京燕山石油化工厂，真正是南征北战。当时一局是"流动单位"，从局长到工人都是十分艰苦的。每接一个新工程，从"踩点"（现场踏勘）、建设职工的临时工棚、临时的生活基地开始，直到建设现场的生产基地，完善工地的施工条件；当工程接近尾声时，才开始建设职工的正式的家属基地，当家属调来之后，整个大部队又要开赴新的建设工地了。这就是当时的"先生产、后生活"的建设方针。

在这样的施工局里，执行的是半军事化管理，局长们就是野战军的将领。身先士卒，是带好这样的部队的关键之一。杨局长就是亲临火线的指挥者，他很平易近人，体贴一线的工人和工程技术人员，就像好的指战员都是与战士打成一片的那样。我参加工作时，工地还不通火车。从襄樊下火车，乘工地的大卡车直奔荆门，一路上汽车颠簸，尘土飞扬。到了工地，从车上向下望去，成片的工棚，土坯的墙体，屋面上干铺着油毡，用砖头压住，以防被大风卷起。些许活动板房是工地的办公室。

生活用水靠附近的水塘，或自己打井。菜蔬和粮食供应靠运输队到各地采购。杨局长是第一批驻扎在工地的先头部队。我们当时的生活条件还是他们辛勤劳动所创造。听说杨局长来"踩点"时只带了管生产和管供应的两位处长，一部吉普车开道，在荒山之中开始为大部队的到来做准备工作。

对杨局长的称赞，是从工人师傅那里听见的。听说杨局长每次跑长途，途中吃饭，都在路边小店。他坐下来后，每次总是掏出 10 元钱请客，他说："今天我就出这么多钱，其他多出来的，由你们出。"然后，掏出一包"大前门"放在饭桌上，请大家随便抽。大家也从不客气，该吃的吃，该抽的抽。当时他的月工资大约两百多元，工人工资才几十元。那时吃一顿饭几毛钱就够了，10元钱一顿饭，算是"打牙祭"。当时的出差制度，是根据出差的时间，给予补贴，餐费是不能报销的。我也不知道什么时候，这个制度变成了现在的"实报实销制"。

与杨局长的工作接触，是一局到北京工地之后。那时候，我有时要参加局里的工程调度会。会议是每天一次的例行会议，在下午召开。开会的目的是检查每天的工程进度，协调参加工程会战的各公司之间的工作，安排和落实下一步的生产。会议在工地召开，工棚之中。杨局长坐在长条会议桌的端头，局的计划处长、技术处长及各公司主管生产的负责人都要到会，在会议桌的两侧入座。建筑工程是个大系统，环环相扣。调度会就是解决这个环环相扣的问题的。

在建筑工地，"扯皮"是司空见惯的事。这种事情常发生在工程急、任务重的时候。自己公司的任务完不成，就千方百计地找其他公司的毛病，这叫"哪壶不开拎哪壶"。例如吊车要进场，土建公司应先腾出道路，吊装公司明知是自己的吊车因故到不了位，但它不会说真情，偏偏指责土建公司腾出的道路不合格。设备要吊装，安装公司就要先完成设备的组装，安装公司的设备来不及组装，它会推说某个部件才运到，是铁道部门定的车皮出了岔儿……总之，开起会来，谁都有理由。这就需要杨局长深入实际，做细致的调查研究。在会议上，我就亲身经历了这样的事：有个公司的头头在扯皮，杨局长当即指责他："你不要骗我，我刚从工地回来。"

我对这件事印象极深，我从杨局长身上学到了很多，这就是我年轻时遇见的老干部。现在几乎见不到了。局长们西装革履，办公室一坐，出门奥迪车；谈工作上宾馆，身边有秘书。不到工地竣工剪彩，绝不下工地。工地上干活的工人见了局长，躲得远远的。有几个局长真正了解自己的下属？有几个局长做工人的朋友？有几个局长与自己的下属在工作中建立了深厚感情，使他的下属几十年都不会忘记他？我与杨局长从未说过几句话，分别已几十年，但我仍怀念着他。

2012.06.03

奢侈

一

建筑是一面镜子，真实地反映着社会的现状。自21世纪以来，建筑的奢华之风在中国大陆盛行。前些日子我参加了一个建筑方案讨论会，讨论的是某地正要建设的一个国宾馆。

所谓"国宾馆"，是中国特有的一种建筑类型，它专门为迎接外国国家元首级的官员所设计。如果要建国宾馆的城市是北京，那当然另有别论，因为随着改革开放，国际交流的频繁，建个"国宾馆"尚还有些道理。但是我所说的这个要新建"国宾馆"的城市，人口不过几十万，而且已经有了一座"国宾馆"。前几年因设计工作，我曾去参观过那个"宾馆"，大约是因为我太土气，我感到原有的"国宾馆"已经足够的奢华了。

我去参观时，该"国宾馆"正在扩建。扩建的是一幢独立的"总统楼"，该楼建筑面积有好几千平方米。虽然已建的宾馆大楼里，已经配有"总统套间"，其中包括总统卧室、总统夫人卧室、会客厅、总统随员卧室、餐厅、厨房等一应俱全，完全符合国际旅游旅馆的标准；但当地政府官员仍嫌接待标准低。

对此现象我很奇怪，当地政府准备接待什么外宾呢？即使是外国元首来了，住"总统套间"难道还不够吗？全世界都是这个规矩呀！何况哪位元首会到这么一个城市去？

据说，当地经济发达很有钱，中央各部门经常有人去，该楼是为他们所建。因此"国宾馆"并非为"国宾"。这个现象全国到处都是。

由于近年来，中央各部门体恤民情，下基层，旅途劳顿；地方政府有钱了，盖个宾馆，好生接待，也不是什么罪过。虽然到基层的官员未必是"总统"级的，就算越级招待，请他们住个"总统套间"，总可以了吧？为什么要建独立的"总统楼"呢？平时这些楼给谁住呢？

对于上述现象，建筑设计界无人不知，我早已麻木。但是我没有想到的是，当地还要建一座新的"国宾馆"。就此问题，我请教业主，据说已建的"国宾馆"在某某区，但该区也属于该市呀，业主的回答让我"丈二和尚摸不着头脑"。

这个新建的"国宾馆"的配置，比老的"国宾馆"有过之而无不及。除了有"总统楼"外，还要建"部长楼"，每栋楼都有好几千平方米。过去我不知道什么叫"奢侈"，这回我才有点明白。

以上是地方政府建宾馆的现状。这种现状大概是中国的特色，因为政府的财政支出，不受民众的监督。地方政府花老百姓的血汗钱回报上级，已经不再是秘密。

但是如果地方政府没有钱，他们应该怎么办？我就曾经遇见过这样的政府。这时，他们可以让商人替政府来盖宾馆，为政府所使用。政府可利用手中的权力，给商人某种投资的"便利"。这类交易在中国司空见惯，只要在交易的过程中，钱不进私人的腰包，那就是廉洁的政府。

我们来看看香港政府是怎样来对待"廉洁"的吧？在香港，政府官员是必须回避与商人之间的任何交易的，否则你就会陷入困境，永远说不清。

最近，香港"特首"曾荫权先生日子就很不好过，因为议员们要查他。曾先生在香港做公务员几十年，被公认是"勤勤恳恳、小心翼翼"，所以最终被选上了香港的"一把手"。不久他就到任要下台了。下台前他稍不谨慎，做了两件事：一件是乘坐了澳门巨商的私人游艇、飞机出游（曾还出了钱）；另一件是为了准备安度晚年，他在深圳花巨资租赁了一处房产。民众怀疑他与商人之间有"猫腻"，曾先生已经公开向香港市民检讨"自己的行为不够检点"，表示愿意接受任何调查。看见曾先生面对媒体"灰头土脸"的样子，我真有点为曾先生打抱不平：我要劝曾先生赶快退休吧，到大陆来当官，一定会被评上先进和模范！

二

上面谈的是政务型宾馆。下面我们再来看看旅游旅馆。大家都知道，旅游旅馆的标准是"星级标准"。对宾馆定级，是改革开放之后的事。

谈到"宾馆"、"旅馆"、"饭店"这类建筑，在改革开放之前，我国很少建设。当时国家经济困难，而且由于是"计划经济"，主要商品都是靠"调拨"，没有什么商务活动，更没有什么旅游活动，"宾馆"几乎不建。当时中央的基本建设方针是："楼、堂、馆、所"一律不建，"宾馆"就属于不建之列。

到了20世纪70年代末，为了适应改革开放，全国开始兴建各种类型的商务、旅游及政务的"旅馆"。其中，不少宾馆是由境外建筑师所设计。

例如：北京的"建国饭店"、南京的"金陵饭店"以及广州的"花园酒店"等。仅仅过去二十多年，现在建造旅馆的标准已经远远超过了上述这些宾馆。几年前，中国旅游局又重新修订了我国"旅游旅馆的星级标准"。标准是愈来愈高。无怪乎，中国的旅游者到国外，即使是到欧洲、日本那样的发达地区，都认为他们的"三星级"太差了。不过依我看，不是他们的"太差"，而是我们太浮华。

那么我们的旅馆标准为什么会制定得那么高呢？

那就应该来研究一下中国的高档旅馆是什么人去住？而这些人又在花谁的钱？

大家知道，为了改革开放，当时中央提出了一个方针："让一部分人先富起来。"根据郎咸平先生的分析，中国先富起来的人中，虽然有不少是靠勤劳和智慧创业的，但也有相当一部分是靠占有国家"资源"而发财的，例如山西的煤老板等；还有一批人靠"国企改制"，化公为私起家的。我想当然也有相当一部人是利用手中权力，利用"权钱交易"而发迹。至于靠"走私"、"贩毒"、靠"制假、造假"等非法手段暴富者也不在少数。

所以中国的某些富人们来钱太容易，短短20多年造就了那么多亿万富翁。但是其中几乎没有一个"比尔·盖茨"，也没有一个"乔布斯"。我们的企业少有靠技术创新而发达的，搞"投机"、搞"特权"成了中国某些富人的一种"文化"。

因为中国一些富人发财靠的是"机遇"，靠的是"关系"，所以不知道如何去创业。有了钱也不知怎样去花，挥霍就成了他们的欲望。挥霍需要"场所"，宾馆就可以成为这样的"场所"。这些富人是新兴的资产阶级，又满脑子封建思想，是"暴发户"。历史上的"暴发户"大都有着共同的特点，那就是不少人只有金钱而缺少文化，精神空虚。"物欲横流"是对他们行为的描述。宾馆成了他们一掷千金，挥金如土的地方。

由于中国不准有赌场，又没有"红灯区"。宾馆就成了某些新贵们发泄物欲的地方。所以中国宾馆的娱乐设施和餐饮设施比国际标准要高得多。什么洗浴中心、娱乐中心、餐饮中心，都成了中国宾馆的必需配置。什么异性按摩、"包二奶"、嫖娼宿妓常常发生在宾馆之中。

宾馆不仅成了商人之间谈生意、做买卖的地方；也成了官商勾结、腐蚀官员的场所。

这就是今天的旅馆愈来愈奢侈的重要原因之一。所谓旅游用的星级宾馆，已经不再是为"旅游"所设计。写到这里，我想起了欧洲建筑历史上的一个时期，那就是新兴的资产阶级登上历史舞台之后，追求和炫耀财富的现象。这在建筑上的表现就是充满了装饰、大量使用昂贵的材料、追求新奇和标新立异。今天中国的旅馆设计中，这些都是到处可见的情形。上面我提到的"国宾馆"就是一个充满昂贵的虚假装饰的建筑。建筑标准要"六星级"。

除去富人以外，在中国的今天，即使是一般的政府或企业的公务人员，出差住旅馆，也都愿意住豪华的；这是因为中国人出差，花的不是自己荷包里的钱。这是中国人"出差制度"设计上存在的问题。

在国外，出差费用一般采取的是"包干制"。你工作的单位，根据你的级别和出差地点的生活标准，给你的出差费是"多不退、少不补"，"节约归己"；所以外国人出差，喜欢住的旅馆"价廉而物美"，甚至住到朋友那里，根本就不住旅馆。我想这大概也是造成中国当今旅馆趋向奢华的另外一个直接的原因吧。

三

下面我想通过一个具体的工程实例，来看一下境内外建筑师在建筑设计中不同的设计思想。这两种不同设计思想的差异，会导致两种不同的设计结果，一个是经济实用，一个是奢侈。这个例子就是 1983 年建成的南京金陵饭店一期工程。

这栋建筑是由著名的香港巴马丹拿国际公司设计的，原设计是四星级宾馆。客房楼 37 层，顶层还有个旋转餐厅和直升飞机停机坪。总高度只有 110.4 米。客房层高仅 2.8 米，开间 4 米宽。现在近 30 年过去了，我们国内又建造了无数类似的宾馆；但我至今仍未发现还有哪家旅馆，在技术指标上会设计得如此经济？

南京金陵饭店是由新加坡华人所投资，投资回报率是最重要的事。为了节约层高，该塔楼采用了"筒中筒"结构，楼板无梁。为了形成"外筒结构"，客房的窗子不能开得太宽，也不能做得太高。为了改变窗子在立面上的比例，窗子的两边采用褐色的玻璃马赛克饰面，窗子采用褐色玻璃。远处望去，窗子似乎很大，建筑师用色彩的搭配去改变立面的比例，这个设计真是经济到家了！

现在的中国，高层建筑是愈建愈高，但是少有采用"筒中筒"结构的，大约是这种结构的立面和体型不容易讨巧于中国人。但是对于高层建筑来说，这种结构十分经济，抗震性能很好，日本人经常采用它。美籍日裔建筑师雅马萨奇在美国设计的"世贸大厦"双塔（911 被恐怖分子炸掉的那两栋建筑），就是选用的这种结构。

中国建筑师现在做高层建筑，追求新奇，不求合理。他们在电脑里拉形体，以讨取领导的欢心。他们总是选择最容易造型的结构类型，而并非选择最经济和合理的结构型式；这就是中国建筑师最常用的设计方法。因为这样设计，容易满足业主追求标新立异的"喜好"。但是，这种设计思想与香港巴马丹拿国际公司在金陵饭店设计中的思想，显然是根本不同的。

近年来，各地方政府为了攀比，各城市都在争取建筑的高度。最近我们院也同时在设计几幢超过250米高的超高层建筑，有些是在二线城市。不久前，武汉市决定要建632米高的中国第一高楼，要与上海比高低。但是中国需要这么多超高层建筑吗？

最近我遇见一个工程，业主原决定建筑高度在200米高左右，方案向市里汇报，市领导嫌太矮，要建240米高；省领导得知后，还嫌矮，要建270米，真是层层加码！现在中国的许多人建高层建筑，完全不是因需求而建，而是为"指标"而建，为"脸面"而建。对此现象，我们不能不说：这是"奢侈"！

有时候，由于建筑面积的指标不够（由于投资问题或者规划问题），房子不能建那么高？怎么办？聪明的建筑师就在屋顶上，建造那毫无用处的建筑构架，以便拔高建筑来满足业主的"虚荣心"。这种现象在21世纪的中国比比皆是。建筑的高度现在已成为城市管理者和业主追逐的目标。

但是这类无用"构架"的建造，花费的都是社会的财富。这些钱完全可以用来资助贫困人群，但又有谁去做这些善事呢？这又是一类"奢侈"。

路斯说过："装饰就是罪恶。"我这里要补充一句："奢侈是比装饰更为可怕的罪恶！"

2012.03.04

文章写完不久，爆出新闻：德国女总理默克尔来华，下榻酒店，不住"总统套间"，住的客房只有 70 平方米（一间卧室和一间会客室）。她与住店的其他旅客一样，早餐吃自助餐。有一次，不小心把一片面包弄掉地了，服务员要去帮忙，被她挡开，她自己弯下腰，将面包捡起，放在自己的餐盘之中。又有新闻报道美国驻华大使骆家辉到广州出差，住在四星级宾馆。当记者问他为何不住五星级宾馆时，他回答道，按照他的出差标准，他住不起中国的"五星级"。

对上述新闻，中国人反应不一，有人称赞，有人说这是洋人在"做秀"。其实在我看来，这是一件极为普通又极为正常的事，本来不具备新闻价值。之所以在中国会成为热议的现象，无非因为这类事在中国是"奇事"。在中国，哪位高级官员出差只住普通"套间"？哪位大使级官员住不起"五星级"？

中国比德国、美国穷多了，但我们的官员却奢侈之极。

2012.06.03

近日又传新闻，长沙欲建世界第一高楼，838 米高，超过迪拜。记之！

2012.06.23

逃避

一

近年来全国发生了两次特别重大的火灾事故，一次是 2009 年 2 月 9 日，央视新楼在施工期间，因春节燃放烟火，点燃外墙保温材料，酿成大火，造成大楼建设停工，结构受损，消防队员因救火牺牲一人。事隔不久，2010 年 11 月 15 日上海静安区高层教师公寓改造，在外墙施工保温层时，因电焊工违规操作，电焊火花点燃施工现场堆放的一些可燃材料（包括某些保温材料），大火造成 58 人死亡、70 人伤，更为惨烈。

失火之后，寻找火灾蔓延的原因，两次火灾均与保温材料的耐火性能有关，于是"挤塑苯板"等保温材料成为了罪魁祸首。

2009~2011 年，公安部不断出台文件，屡次对"建筑防火设计规范"进行修改，一次严过一次，企图通过对建筑材料燃烧性能的控制，减少火灾的隐患。2011 年的文件中，"挤塑苯板"等材料已经被禁用在外墙或屋顶上了。从此以后，因外保温材料而失火的可能性被降至为零，但是这两起火灾事故都是人为原因造成的，而且都发生在工地。谁都知道，工地的情况与建筑完工之后的情况完全不同，房屋竣工之后，保温材料被保护层所保护，并不直接露明，不会被明火直接烧到。而且火灾的发生并不是由材料自身所引起的，如果没有人违章放烟火，没有人违规施工，怎么会失火呢？所以不从管理入手，工地失火的问题就无法解决。要知道，在工地上要杜绝可燃材料的可能性也等于零，例如木材就是易燃材料，盖房子总不能不用木料；再例如工地总要用电，只要用电就可能失火。我们真不知道以后是哪种材料，又要成为人们错误行为的"替罪羊"。

大家都知道，天下没有"十全十美"的材料。对于建筑的保温材料来说，耐火性能好了，其他性能就不好。例如有些材料强度不好，铺设在屋面上，上人就有问题；另外绝大多数保温材料都怕水，天长日久，防水层一旦破坏（请问当今哪栋房子不漏雨？）保温材料就失去了保温的效果；有机类保温材料老化得很快；还有些材料虽然既不怕火、也不怕水、也不会老化，但是保温性能很差等等。

综合比较材料各方面的性能，"挤塑苯板"其实是一种不错的保温材料。它是国外研究的新产品，本世纪引入中国。就说耐火性能吧，只要是合格品，也不是太差，它是难燃烧材料。另外，它还具有其他保温材料无法替代的优点，例如：它不怕水、强度高、耐久性好等等，为了引进这种材料，企业已花巨资，引进了生产线。"挤塑苯板"的停用，已经造成工程建设中无合适材料可选的问题。现在所采用的其他替代的保温材料，虽不会失火，但因为其他性能差，已经造成了工程质量的许多隐患。现在无论是设计单位还是施工单位的技术人员，一谈到这个问题，都不知道如何是好？中国人有句成语，"因噎废食"。对待外保温材料防火问题的处置办法，就是一种"因噎废食"。

问题还远远不仅存在于此，对于那些"挤塑苯板"等保温材料的生产厂家，更是飞来横祸，因为这些材料的生产是根据市场需求所决定的。一纸文件封杀了市场，不知要损失企业家的多少投资，要砸掉多少工人的饭碗？而且由于"挤塑苯板"等保温材料退出外保温市场，原有的生产能力闲置；其他保温材料生产能力不足，对经济的影响也不可低估。

最有意思的是，2011年公安部下达的文件规定：从文件发布之日起，凡未竣工的工程，一律禁用"挤塑苯板"这类材料。真是笑话了，我们在基本建设战线上工作了几十年，见到这样的文件还是第一回。

大家都知道，对于未竣工的工程，保温材料可能早已采购，而且可能已经到货，早已上墙。怎么办？是从墙上拆下来，还是将货退回厂家？投资的损失由谁来承担？所以有关建筑设计的所有规范，凡是变更时，都有一个新旧规范变更的"缓冲期"，以求这种变更对社会冲击的影响降到最小。这就像经济领域中的"软着陆"一样。

但这次"公安部令"却有悖于常理，造成各企业无所适从。据我所知，连许多地方政府也无可奈何，只能对此令"阳奉阴违"了。从此以后，工地若再有类似火灾发生，我消防主管部门就毫无责任了。这真是一种"逃避"责任的高招。

二

类似用行政手段解决技术问题的做法，在今天的基本建设中屡见不鲜。我们就再说说关于"建筑的外保温"问题吧！

本世纪，党中央提出了"建筑节能"问题，这当然是正确的。但是要解决节能问题，一需要资金，二需要技术，三需要合适的保温材料和适宜的建筑构造，四需要有自觉节能意识的民众，五需要配套的法律和行政的管理，六需要时间去积累经验。

但是现在是为了完成"节能指标"，大上快上，工程隐患早已存在。

举个例子：由于外保温材料处于室外，环境条件恶劣，但因造价原因，现在采用的保温材料保护层的"做法"，极为简陋。由于风吹日晒，表面开裂几乎不可避免，雨雪的侵蚀，冻融的反复，外保温材料的剥落和失效不可避免。我们曾经在严寒地区设计过这样的建筑，大约也是由于施工质量太差，一个冬天过来，保温材料大面积脱落。在这里，材料的选用和施工的经验和管理成了关键。面对我国农民工的施工队伍，如何保证质量成了大问题。

更可怕的是，在松软的保温层外面，有的建筑师还要粘贴面砖；厂家为了生意，都说自己推销的面砖"粘结剂"怎么好；施工队为了承揽生意，什么牛皮都敢吹；研究所为了利益，也会出具"产品合格"的试验报告；各地方还会为推广新技术，出版《标准图集》。设计院从来是照搬图集，不动脑筋，实际效果只有天知道！

几十年的工程经验，让我懂得了一个简单的道理：没有时间的考验，不敢轻信任何创新！

就算上面可能发生的问题都不出现，外保温还有个致命的问题就是保温材料性能的老化。前几天，有个工程已使用十几年了，屋面的保温防水材料老化，要进行返修，业主请我去参加了会议。这是屋面，返修是正常的，相对也比较简单。会上来了几位老专家，他们研究防水和保温材料几十年。他们都说，保温材料在室外，寿命也就是十来年。

那么我要问，十几年以后外墙的保温性能逐渐失效，怎么办？特别是卖给老百姓的商品房，七十年的使用权，怎样来保障老百姓的利益？

谁来再为这些住宅的保温性能"埋单"？现在建设部的专家们，提出了"外墙保温与建筑同寿命"的问题。问题提得的确很好，但是已经建设和正在建的大批的建筑怎么办？

关于外墙保温问题，其实不是一个新问题。五十年前，我还在读书的时候，我们就知道；其构造做法很成熟，保温材料的保护层是"砖砌体"，过去搞大板建筑，保温材料是夹在两层混凝土之间的。砖和混凝土都是永久性材料。当采用"轻墙"做外墙时，保温材料也是放在中间层的，有龙骨系统，内外两侧的面层都用板材。外墙面不仅有保温功能，还应有防水、防潮功能，并对热胀冷缩、冻融现象等天气变化有良好的适应性，对机械性损伤也应具有抵抗能力。除此而外，还应具有极好的耐久性。我到英国去考察，上述技术他们已经用了几十年。去年，我见了一位在国外工作的建筑师，他告诉我，他们设计建筑，外墙保温的做法全是这种双层墙"做法"，在墙中间放置保温层。我们戏称这种做法叫做"三明治"。

"三明治"做法一劳永逸，但造价高。我不知道大力推行现行外墙"做法"的专家们，他们是怎样想的？也许上级有指示，"节能是硬指标，但造价不允许太高。"类似的上级指示，几十年来，我已经历过不知多少次；这叫"既要马儿跑，又要马儿不吃草！"

我相信大概就是这类原因，难为了这些专家。因为我不相信专家们会不知道"三明治"，为了便宜，现在推出的抹灰保护层的做法是极其简易的，寿命也是不会太长久的。

上面所谈到的两个问题都是有关"建筑外保温"的：一是防火问题，二是寿命问题。每想起这类技术问题时，我就想起"大跃进"。为了速度而放弃质量，成了顽疾。急功近利、好大喜功是这个顽疾的病因。技术不能独立，科学不能民主，官员说了算，是这个顽疾久治不愈的根源。

2012.01.16

后记

前几天，设计院又收到了中华人民共和国住房和城乡建设部，于2012年2月10日下发的《关于贯彻落实国务院关于加强和改进消防工作的意见的通知》（建科［2012］16号）；并同时收到了2011年12月30日国务院文件（国发［2011］46号）。这两个文件都是关于建筑外墙外保温材料的。建设部的《通知》，在具体内容上，又重新允许使用"挤塑苯板"等材料了。真是谢天谢地！

曾经已经出台的公安部相关文件，实际上已被废止。

错误被纠正，总是件好事。但是在21世纪的中国，为什么会发生这类现象呢？实在令人深思。

2012.02.29

博弈

　　所谓"博弈"，原先只不过是人们之间玩的一种游戏。博弈双方按照规则斗智斗勇，趣味无穷。后来人们把对立双方之间的争斗统统称为"博弈"。例如：把战争看作是作战双方的"博弈"，把竞选看作是竞选对手之间的"博弈"等等。在博弈中，大家都要守规矩，古代的正人君子实在，不大懂得阴谋诡计，不大会玩心眼，要致对手于死地，也要光明磊落。即使是打起仗来，也要"下战书"，至于"偷袭"、"不宣而战"这类"偷鸡摸狗"的事是不干的，因为那时候的人还知道"廉耻"。

　　"博弈"的双方是对手，当"博弈"是一种游戏时，对手之间还是朋友。但是"博弈"这玩意儿，一到政治家的手里，就全都变了味儿。春秋战国，群雄割据，张仪、苏秦搞的全是阴谋诡计。"孙子兵法"三十六计，计计都是"邪门歪道"。

　　古代人大脑还不够发达，他们比较傻，只知道朋友之间还要讲义气，还要分清"敌、我、友"。他们只把阴谋诡计用于敌我之间的"博弈"之中，在朋友之间绝对不会搞阴谋和诡计，他们也不会去和自己的"同志""博弈"。现代人由于"进化"变得更聪明，什么样的事都敢去干。

近几年来，"博弈"越来越时髦。中国人买股票，不是去投资企业，不是为了发展民族工业，帮企业家融资，而是为了骗同胞的钱，与同胞去"博弈"。企业家发行股票，也不是为了带动国人共同致富，而是为了"圈钱"，为一己之利。

中国人说："商场如战场"，把同胞、朋友和顾客都视为敌人，去与他们"博弈"。中国的商人不仅要和顾客"博弈"，更要在"官场"中"博弈"。不知有多少官员在这场"博弈"中败北，也不知道多少商人在此"博弈"中破产。照理说，政府是为商人创造投资环境的，商人是为政府增加税收的，应该合作而不应该"博弈"。在"社会主义"的旗帜下尤其是这样，因为大家都打着同一个"为人民服务"的大旗！

但是事实却恰恰相反。下面我举些例子来说明这个问题，看看房地产商是怎样与政府"博弈"的。

在城市规划中，有个叫做"控制性详细规划"的技术文件。开发商买了一块地皮，在开发时，都必须执行这个文件。这个文件明确了这块土地的"用地性质"、"容积率"[1]、"绿地率"等等技术指标。也就是说，这个文件明确了在这块土地上，应开发什么样的房产，能盖多少建筑面积的建筑以及必须保留的绿化用地等等。

上述规定的必要性，我想人人都能理解。如果一块地皮上的房子盖得比规定的多了，自然在这块地皮上活动的人数就要变得比规定的多。这样就给城市交通、市政设施和城市环境带来压力。

我们遇见的外国设计公司对这些规定，都视如法律，严格遵循，因为这是公众的利益。而我们的开发商却不管那一套，能投机时就投机。

因为地皮是国家的，开发商要拿到地皮不容易。走关系、托门子，花大钱是不可避免的事情。钱已经花下去了，总想谋个暴利。于是又开始"走关系、托门子，花大钱"，千方百计要改变"控制性详细规划"，希望突破规定，让政府允许他们多盖些房子。在开始阶段，由于管理的漏洞很多，开发商只需与规划局具体的经办人搞好"关系"，房子就可以多盖了。后来东窗事发，抓的抓、罚的罚，大家都不敢了。于是开发商又出了新招，那就是走变更"控制性详细规划"的"合法"程序。

所谓"合法"程序，就是由规划局出面，让规划设计院重新修改原规定，找些专家再论证一下。在中国只要权力足够的大，这些问题都好办，因为专家有的是，大家都听当官的。为了做这件事，开发商当然是要"出血"的。但这点"血"算什么？与房地产的暴利相比，简直微不足道。

但有能力这样做的开发商毕竟很少，没有官场背景的小开发商根本无此能力，而且风险也不是没有。因为万一他所托办的官员在其他案子里出了问题，这件事被牵连出来，一个"行贿罪"下来，也经受不起。而且随着反腐力度的加大，官员们学乖了，这种明目张胆的方法太低级。

聪明的开发商为了提高建筑的"容积率"，开始寻找"法规"中的漏洞，大做文章。举个例子：政府不是规定在这块地皮上允许建多少房子吗？我就按你的规定盖多少建筑面积的房子。但是我盖的房子的层高特别高，比如说盖写字楼，一般写字楼层高4米左右已经很好，我偏偏要把层高做到6米高，然后卖给业主，由业主自行改造，1层变2层，这样一来，原来设计的10层楼变成了20层楼。业主买1000平方米的建筑，自行改造后变成了2000平方米，业主也愿意。而开发商因为给业主提供了增加使用面积的便利，售价自然可以提高。这样做的结果，该地块的容积率被大大提高了，但却完全"合法"。开发商得利了，受损失的是公众，因为该地区的城市交通因人员的密集变得更加困难。开发商给这种写字楼起了个冠冕堂皇的洋名字，叫做"Loft"（阁楼），以掩盖其偷建面积的真实目的。

本来这种问题是可以解决的，在国外，室内的这种改造应报政府审查。但是在我国，这种改造只需报政府的消防管理部门审查，以防失火后的危害，审查不再经过规划部门。所以容积率的提高也就无人再进行管理了。盖写字楼这样，盖住宅也是这样；采用同样的手法，设计时提高住宅层高，让住户自己去私自搭建阁楼，利用客户贪小便宜的心理，卖个好价钱。君不见中国的许多小区住宅的顶层都做了很多退层的平台吗？这些都是留给住户搭建房子用的。在这场开发商与政府的"博弈"中，开发商显然占尽了先机。

中国人有句俗话"道高一尺，魔高一丈"。当政府部门发现这个问题时，赶紧制定新规则，规定凡办公类建筑层高不能高过 5.4 米，住宅层高不能高过 4.8 米。于是开发商就把办公楼的层高设计成 5.38 米，仍然要建阁楼，看你政府还有什么新花招？5.38 米的层高虽然低了点，但如果阁楼设计得精巧，也不是不能被业主所接受。所以政府的新规定并不能真正遏制开发商的投机。此时，那些已得先机的开发商们早已把钱挣得个"盆满钵盈"，扬长而去了。最近遇见一位开发商，偷开发的建筑面积实在是偷到了家。你不是规定这里不能建商业建筑吗？我就建展览厅。这样我就有理由把层高定成 11 米，将来建成，政府验收之后，再把 1 层变成 2 层，每层层高变成 5.5 米，以后再改成商业楼来卖给客户，以便谋取暴利。也许有人要问我，这些都是开发商的秘密，他怎么会告诉你？这是因为这样的改动，骗政府是一骗一个准，唯有骗不过设计，因为 1 层变 2 层，承重结构要能受得了，地基基础要能受得了，房子不能因改建而垮掉。所以开发商必须把目的告诉设计师，设计师也不敢不听。否则，将来因改建真的出了事，那是人命关天的大事。所以设计院帮着干，当然"也是为了人民"！

其实钻"建筑面积计算规定"的空子的方法多得很。例如：该"规定"有项条款，阳台和挑外廊的建筑面积按实际的平面面积的一半计。这种计算办法本来就是中国的土政策，那是计划经济的产物。20世纪七、八十年代，计划经济盖住宅，由政府或国有企业拨款，中央规定了每户建筑面积指标的标准，但指标太低；于是80年代初，中央又规定：把阳台的面积按一半计算。这样做，可以增加一点室内的使用面积。出发点是好的，但市场经济后，这条规定几十年不变，过去的阳台是露天的，算一半尚情有可原，但现在都是"封阳台"了，其使用和室内的房间完全相同，为什么只算一半面积？这在逻辑上根本就不通。但是谁也不愿改掉这条规定：因为开发商可以多建面积，靠政府计划指标的建设单位也可以利用这个条款多建面积。现在不仅住宅做阳台，办公楼做，厂房也做，建成后再封阳台和外廊，室外变室内，大家都占了便宜。

再举一个开发商钻空子，偷开发面积的办法，来看看我们的开发商有多么的聪明！他们与政府是怎么"博弈"的？

如前文所说，规划部门为了控制城市每块地皮的人口密度，制定了"容积率"的指标。现行"容积率"的计算方法，是只计算地面以上的建筑面积。因为制定这个计算方法时，地下空间还没有大量开发，这种算法比较简单。

为了不突破"容积率"，又能多建房多卖房，开发商就开始大量开发地下空间，逃脱了"容积率"的控制。但是这种计算方法，完全没有考虑地下商业给城市交通带来的压力。我不知道，为什么我们的规划部门竟然不如开发商懂得土地的价值，等到开发商已经走在前面了，才发现这种计算方法是存在问题的。目前也只有极个别的城市把地下的吸引人流的商业等建筑面积计入"容积率"。不知道什么时候，国家才会修改"容积率"的计算方法？非专业人士在这场"博弈"中又战胜了专家，占尽了先机。

利用地下空间争取多开发的办法，在住宅区也成了开发商的秘密。因为"容积率"的计算办法只计算地面以上的建筑，那么什么是地面呢？又没有明确的规定。于是，开发商将已建好的房子用土埋掉一层，因为计算容积率时，只计算地上建筑的面积，被埋掉的一层变成了地下室，不在计算之内。但是地下室不好卖，怎么办？开发商有的是高参，设计个"下沉广场"作为内院，地下室又变成了地上建筑。在这里，我请你看看中国的开发商有多么聪明，又多么会变戏法？他们先把这层楼变成地上建筑来建造，再把它变成地下室，去躲避法规的审查，最后又把它变成地上建筑来销售。真是翻手为云，覆手为雨。为了卖好这层"地下室"，开发商还将它与上面一层的住宅捆绑在一起销售，做个大户型。开发商给这种住宅起了个洋名字，叫做"下复式"住宅，算是住宅类型的"创新"，真是名利双收。开发商何乐而不为呢？

当这类住宅区红火起来时，有城市的规划部门才刚开始回过味儿来，发现又上了当，开发商合理合法地偷建了建筑面积。直到这时，规划部门才刚想起来制定新规则，企图制止开发商的这种投机。

像上述这类商人与政府之间的"博弈"，各个行业都有。这种"博弈"不仅发生在商人与政府之间，还发生在商人与商人之间，发生在中央与地方、各部门和各单位之间，甚至发生在人与人的交往之间。对于法规，大家不是去维护它，帮着出主意去健全它，而是专门去钻条文的空子。

而且凡是钻空子成功者，大家都恭维他是"聪明人"。这就是我们现在社会的文化。这是一种不要道德、不讲良心、唯利是图、投机取巧的文化。所以无论是执法者、还是民众，大家都会觉得"活得真累"。这种现象，在外国人看来，就是"中国人一盘散沙。"

　　但是如果我们人人都这样自私自利，所有的人都把聪明放在投机取巧上，占点小便宜便沾沾自喜，为一己之私利而不顾民族之大义，天天与同胞去"博弈"，我们还会有前途吗？

注释

1. 按现行的国内绝大多数城市的规定，所谓"容积率"指的是："该用地地面以上建筑面积的总和除以该用地面积的比值"。

2011.12.24

漏洞

　　我在"博弈"一文中，揭露了某些房地产商利用法规和执法的"漏洞"谋取暴利的嘴脸。一位朋友看文章后对我说："在市场经济中，这种'博弈'是正常的。只有通过这种'博弈'，法制才能完善。"按照他的这种说法，似乎开发商并没有错，而是由于"法规"本身存在着很大的漏洞，才被开发商所利用，开发商获利是合法的。

　　因为我的这位朋友不是我们这个行当的，又是位书生，心地很好，总是不愿意相信世上竟有那么坏的商人，也不相信对商人的违法行为政府会不去管。所以，我觉得有必要把这个问题再说得更清楚些，以便让大家能看清楚这些商人的不法行径，也看清楚我们管理体制的混乱和管理者无能的现状。

　　这些所谓的很多"漏洞"其实在"法规"中并不存在，而是硬被房地产商有意捅出来的。面对这些被捅出来的"漏洞"，我们的执法者却是睁一眼、闭一眼。

为了说清楚这个现象，就拿所谓的"Loft"写字楼（请见《博弈》一文）作为一个典型的例子加以说明吧。

我国基本建设的管理程序中规定，在开发商准备买下一块地皮盖写字楼之前，政府已经以文件形式通知开发商，告诉他们"该地皮上允许建造的写字楼的建筑面积的总量"。也就是说，开发商是同意按照政府批准建造的写字楼面积，才去买下地皮进行开发的。而且开发商也是知道建筑面积的计算规则的，因为这个规则也是有文件作了极为详尽的规定的。如果开发商不了解建筑面积的计算规则，那么政府是不会把房地产开发的资格给他的。而且开发商也知道，政府是严禁开发商私自突破城市的规定多建房屋的。因为按照基本建设程序，当建筑建好正式交付使用前，政府要派专业的房屋建筑面积的测绘部门，对每幢建筑进行实地测绘计算实际建造的建筑面积，并将此面积数与开发商向政府申报的面积作比较。如果不符，政府将要追究责任。此制度的设计，不可谓不完善，应该说逻辑清楚，完全没有漏洞。

为了防止开发商瞒着政府多建房子，政府还制定了一整套防范措施。比如说，如果设计单位与开发商串通，不按照政府的规定，瞒报建筑面积，被测绘部门发现，那么政府将追究设计单位的责任进行处罚，直到吊销设计者个人的设计资格。因此，在房屋竣工验收时，如果设计者发现开发商私自增加建设的面积，他将不会在"竣工验收报告"上签字，如果设计者不签字，该建筑将无法交付使用。

你看，这是多么好的一套完善的法规呀！简直无懈可击。

但是我们的开发商实在太聪明了，他们利用了政府在工程验收之后，不再进行"复查"的现实，让住户自行去改造建筑，大面积地增加建筑面积，以谋取暴利。企图借此逃脱责任。

但是开发商真的能逃脱法律责任吗？如果政府认真执法，开发商是应受到惩罚的。这是因为住户增加建筑面积的行为是受开发商指使的，在售房时，开发商是允许客户加建的。而且开发商已经从中收取了住户的高额费用。为了增加这些建筑面积，开发商早有预谋，并为住户的"加建"准备好了一切技术条件。开发商故意通过"让住户自建"的方法，用别人的手去实现自己违法多建的行为，违反了政府的"规划法"；违反了他对政府在购买土地前的承诺；是一种故意的违法行为。

对于这种违法现象，政府的反应，实在莫明其妙。它对开发商采取的办法，是"既往不咎，下不为例"。我不知道，"既往不咎"的法律依据在哪里？政府为了防止开发商再次利用这种方法去偷建面积，企图用"技术的方法"使开发商的企图不能实现，于是规定："办公性质的建筑层高不得超过 5.4 米"。政府不去执行已有的法律惩罚房地产商，制止加建行为的出现，而是去限制层高，企图让你加建不成。真是笑话！

我不知道，这个规定是哪位政府雇用的聪明专家出的高招。开发商开始对此规定对着干，你政府有专家，我也有专家，让专家之间也来个"博弈"。于是开发商就将层高定在 5.38 米。仍然要建"Loft"（阁楼），仍然偷你一个没商量。

与开发商相比，我们政府部门的官员全是"书呆子"。你政府部门不是只限定了写字楼的层高吗？我开发商就在其他类型的建筑中，采用同样的手法"如法炮制"去偷建建筑面积。如今这已成为现实，我真不知道，政府对此现象将来又会怎么办？

对此类问题，我总是百思不得其解。一个很简单的管理问题，为什么会搞得这么复杂？有理又有权的政府怎么会被开发商牵着鼻子走？其实阻止上述现象的发生，只需一个简单的办法，这就是"复查"。就像汽车要年检一样，房子也要年检，问题就彻底解决了。我知道，我的建议政府是不会接受的，因为政府会说："我没有人力。"那么，抽查总可以吧！"杀一儆百"，再发动群众，重奖举报者，问题总能解决。

上述类似的问题，我们看看别的国家是怎样解决的吧！我曾经在"封锁"一文中，介绍英国人的城市管理，它的办法很简单，就是发动群众举报。在英国，你的房子的室内外改造都得报政府的审批，并通知社区。如果违法改建，法院的传票就要上门，这样一来，行政的问题就变成了一个法律的问题。谁敢不听？

前几天我与朋友讨论上述现象，他告诉我："在香港，凡涉及公共利益的问题，廉政公署都要管。只要案值达到五元港币，廉政公署就立案。"这就是法制社会。我相信上述问题如果发生在香港，开发商只要干一次，大概就要被告上法庭，因为他违反了法律，损害了公众的利益。而政府官员遇见此问题倘若不管，首先就要查你与开发商之间的关系，你可能就因渎职而被开除公职，而且因为这个"污点"，从此无人再会聘用你。在法制社会，人们违法是要付出高额成本的。

有人说："老季，你太理想了，你这一套在中国行不通！因为这些不符合中国人的传统文化。你的这些办法不是'和为贵'。"

那么我要反问："难道香港人不是中国人吗？在香港的中国人社会里，为什么就行得通呢？香港人难道不知道'和为贵'吗？"

是的，我们现在有许多人都在打着"中国特色"的幌子，拒绝接受先进的管理制度，拒绝认真地执行已经被法律规定的各种行为准则，这才是大量"漏洞"产生的原因。

下面我再举个例子来看看我们管理中的"漏洞"吧！2008年，在北京"鸟巢"旁边建成的"盘古大观"的屋顶上，开发商偷建了整整一层高档四合院；事发后，只是交了点罚款，政府就不管了。这些罚款对于暴利的房地产业，简直就是"毛毛雨"、"挠挠痒"，舒服极了。这点钱连行贿官员都不够，我相信开发商一定会偷着乐。因为罚款之后，这些高档四合院就完全被合法化了；这些院落在北京起码值几个亿。而罚款才几千万，开发商简直是白拣了一个大便宜！对此类现象，我们难道不该怀疑这些执法的官员们究竟代表了谁的利益吗？

在"盘古大观"例子中，我们再看看政府是如何执法的吧！根据政府关于违章建筑的处罚规定，凡违章建筑，首先就是要无条件拆除，然后再追究责任。"盘古大观"屋顶上的高档四合院就是违章建筑，为什么不执行规定了呢？难道事件的背后，就不存在其他的问题了吗？因为这类问题没有立案侦查，民众只能猜测而已。政府的处置只能使自己失去公信力。

在我从事的基本建设这个行当里，"漏洞"是无处不在的。上面讲的是有法不依的问题。还有许多是法律规定只有原则，不可操作，模棱两可、含糊其辞。我曾经提到过的关于消防设计的规范中就有很多这样的规定。由于"条文"本身的不严密，就使得执法者有"漏洞"可钻。房地产商有的是钱，买通这些官员，以合法的形式去钻孔子，谋取暴利。最近一位朋友告诉我，一位消防中队队长被抓了起来，家中的赃款竟有几千万。那么我们的技术规范为什么不能编制得"滴水不漏"呢？依我看，这是完全可以做得到的，但是无人去做。也许许多人故意不去做，因为如果真的"滴水不漏"了，如何发财呢？

陈志华先生告诉我，我国有关文物建筑保护的法规最近又出了修改稿，还是只有区区十页纸。他告诉我，他曾到东德去，带回了一部《文物建筑保护法》，厚厚四大本；东德的文物保护专家告诉他，为了编制德国的文物建筑保护法，二十多位东德专家一共花了二十来年的时间才完成了这部法律。德国的朋友说："编制完成后，大家都松了口气；因为在文物建筑保护这个领域，所有可能出现的问题都规定了明确的处理细则，已经没有'漏洞'了；从此以后，我们都可以安心地去睡觉了。后来者只需照章办事就行了。"

　　亲爱的朋友们，当你读了这个故事后，你作何感想？为什么我们中国人不能这样去做呢？为什么不肯老老实实去学习西方的先进经验呢？我真不明白。

2012.01.01

骗子

对于我这个年纪的人来说，都经历过那样的时代，那时候"说谎"是一件极为可耻的事。当发现一个人"说谎"后，这个人就威信扫地，无人再会理睬他。那是一种多么好的社会风气呀！虽然那个时期大家都很穷，但是穷得有骨气。骗人的事，要受到谴责。

但是近年来，我们天天都要遇见受骗上当的事。大家已经习以为常，见怪不怪了。人们变得小心谨慎起来，但是骗子行骗的手法也愈加高明，而且在光天化日之下，让人防不胜防。

去年夏天，我和朋友去参加一个"住宅销售推介会"，就遇见这么一位骗子。你说他是骗子，他不像，因为他有头有脸，是开发商在推介会上请来的贵宾，是来帮开发商宣传推销住宅的。据说他是"易经协会"的头面人物，头衔不小。你说他不是骗子，他也不像，因为他信口开河，满嘴谎言。

事情是这样的：已经几年了，我的朋友帮开发商在某地设计了一片住宅区。光规划就不知做了多少轮，好不容易才被规划局批准，现在已经开工准备销售了。但是年景不好，房市看跌不看涨。于是开发商请名人来促销，便成了一种手段。

帮着开发商促销没有问题，但你不应该说谎。就像名人在电视节目上做广告可以，同样不应该说谎。可是易经协会的这位老兄，竟然敢在会上公开地说，"穿过这片住宅区的那条城市道路是由他所规划的"。真是不要脸皮了！因为城市道路是由城市规划设计部门设计，而且要报上一级政府批准，有着严格的管理程序。怎么会与"易经协会"发生关系呢？又怎么会由你一个人来决定呢？而且现代的城市规划方法来自西方，与"易经"没有丝毫关系。但是这位先生偏偏要这么说，竟敢当着大众信口雌黄。

中国的北方人总喜欢道路正南正北，而这条城市道路有点斜，大约是开发商害怕路不正而影响销售，所以要请风水大师来帮忙。请大师就要请个有名的。"易经协会"的头面人物当然是个最好的人选。

既然能当上"易经协会"的头，当然是位聪明人。不是"路斜"吗？他就偏在这个"斜"字上大做文章。为了让大家相信他，故意把事情说得有鼻子有眼，他说："这条道路是我带领中国社会科学院的专家来测定的方位，因为这里是龙脉"。这是明明白白的一句谎言。但这句谎言却闹得整个会场人声鼎沸，大家果然信了他的话。迷信的中国人最相信这些不着边际的事。既然小区落在龙脉上，买了小区的住宅发财兴旺那是当然的事了。开发商就利用中国人的这种心态，用风水术推销住宅已经成了销售的法宝之一，而我们的所谓"文化人"借此敛财早已不再斯文。可怜的是，我们无知的同胞啊，偏偏要相信！

这件事已经过去半年了，每想起来心里总不是滋味。我希望能忘却它，所以写下这篇短文以纪实，以了心愿；并告诉我的同胞：请你小心，不要盲目相信那些所谓的名人。名人的头衔往往吓人，可以专门用来蒙骗善良的人们。我希望中国社会科学院的专家们来研究一下这种社会的现象，才是一件有意义的工作。

关于这位名人我并不了解，我也不想去了解。我只知道："易经协会"既然号称是研究易经的，那么一定是文化人的协会，但他不像一个文化人。如果这位先生确实是协会的头，他当众说谎，就是个骗子。如果他不是协会的头，他冒充是头，他也是个骗子。总之，我说他是骗子，是绝对不会冤枉他的。

2012.01.02

糊弄

我们现在已经不再知道什么是认真了，无论遇见什么事情都在"糊弄"。如果你在做事的时候，想严格地按照规矩去做，不仅做不成，而且还会遭人白眼。大家会劝告你，"何必那样认真呢？"，这是朋友，他们害怕你在"认真"中遭到伤害。至于那些平常工作糊弄惯了的人，或者冷眼旁观，或者使心眼让你"认真"不成，或者冷嘲热讽，因为他们害怕你的"认真"让他们的"糊弄"真相大白。更有小人，伺机而动，等待你的工作中的失误，好一举反击，甚至落井下石。当你向上级汇报这种现象，希望领导支持你的工作时，领导往往认为你不"成熟"，所谓"成熟"，在现代汉语中似乎与"八面玲珑"、"圆通"以及"睁一只眼闭一只眼"的"世故"是相同的含义。

我这个人一辈子都是一个"愚不可及"的人，凡是想不通的事，都不愿意去做，凡是以为是大家定了的"规矩"，都不敢逾越雷池半步。但是每当刚步入社会的年轻人，向我提出上述"糊弄"现象时，我也只能劝他们，不要"太"认真，因为我也害怕他们因"认真"而遭到不必要的伤害。

年纪大了以后，每每一想起这些社会现象，总是不寒而栗，因为如果一个民族的文化竟是如此不能认真，那么科学技术是无法进步的。所以凡是与洋人打过交道，在国外工作过的人，很多都不愿再回国工作，因为在那里，工作关系简单，人际关系简单，只要按"规矩"去做就行了。

我们现在还有什么事情是可以按"规矩"去做的吗？我可以说，在我熟悉的设计行业几乎没有！前几天院里搞"ISO"的内审，为了应付检查，大家都在忙着后补手续，撂下正经的事不干，去干那些没有用处的事。听说有的设计院，为了少惹事，凡"校审记录单"，都写上"图纸未发现问题"几个大字，让你外审的老师无计可施，反正你也没有本事去抽查图纸！国外的办法一到中国全变了味，难道真的如柏杨先生所说，中国是个"酱缸文化"吗？

在建筑设计界我们所立下的规矩，原先都是由前苏联专家帮着制定的，那是20世纪50年代的事。当时的苏联专家帮助我国建立了基本建设程序，并在各机械工业部都成立了设计院，建立了内部的管理体制，直到制定设计及校审制度、出图标准和图纸深度等。所以当时的设计周期长，设计质量、图纸质量都是很好的。以后苏联专家撤走，开始对他们的那一套产生非议，于是开始在设计院搞"设计革命"。所谓"设计革命"无非是简化设计，这种设计的"简化"经过"文化大革命"、改革开放、市场经济几个阶段的发展，原有的一套已经所剩无几。首先是设计阶段的简化，原来的方案、初步设计、扩大初步设计、施工图设计变成了三阶段设计，取消了扩大初步设计阶段。设计的合理周期的概念早已被打倒，校审制名存实亡，师徒制也不复存在。我们还沾沾自喜，领导们还自以为得计，常常夸口："中国人别的不行，盖房子的速度世界第一。"

这样的变化带来的后果是什么呢？就是不断的房子倒塌、桥梁倒塌。前些时候钱塘江三桥被汽车压垮，人们不禁要追问，茅以升先生参与设计并监制的钱塘江大桥为什么几十年不出事故？德国人在兰州建的黄河大桥已逾百年，为何安然无恙？

从1958年开始大跃进，我们的口号就是"打破常规"，现在我们的口号是"跨越式的发展"。大约是"大跃进"这个词不好意思再用了，但是"跨越式的发展"不就是"大跃进"的含意吗？

中国人不承认有"常规"的存在，就是不承认有客观规律的存在，总想投机取巧。前些日子我的一位朋友告诉我，1980年代初他被分在一家部属设计院，当时还是计划经济，内部的技术管理尚存，他的师傅曾在苏联专家手下工作过，看见了现在年轻人绘制的图纸后语重心长地对他们说："如果苏联专家还在，如果他看见这样的图纸是要发火的，他会动手撕毁这样的图纸！"

朋友，你听了这个故事有何感想？你应该知道80年代的图纸与今天相比，已经强上十倍有余。如果你不信的话，你可以去查一查。

"没有规矩不成方圆"，现在到处没有规矩，有了规矩无人执行。城市规划是有规矩，但书记、市长一换，他就要换规矩；规划管理是规矩，规划局长换了可以换规矩。前些日子某地有个工程，规划方案是按照前任局长的旨意设计的，项目已经开工，新局长一上任就不承认前任的批文，要换规矩。

开发商见了政府官员摇尾乞怜，但是见了设计院却又是另一副嘴脸。合同是规矩，开发商有权去变规矩，可以不按国家基本建设程序去另定规矩。设计院也有办法，可以不按国家规定的出图深度去出图。施工单位也同样，偷工减料是常事，所以盖好了的房子没有不漏的，贴上墙的面砖没有不掉的，安装上的水龙头没有不坏的。

糊弄、糊弄，一切都在糊弄！

"糊弄"、"变通"、"不守规矩"早就成了一种民族文化，一种可怕的反文化的文化！

这种文化就是得混就混，心口不一！

这种文化是科学技术的大敌。在世界各民族之中，德国人的头脑恐怕最刻板，一就是一，从来不懂得在工程问题上的"糊弄"和"变通"，所以他们的制造业世界第一。我的一位朋友刚从德国回来，看了他们的工程，质量之优异令人乍舌。我的老师陈志华先生告诉我：他在前东德，见过他们用二十多年时间重建在战火中破坏了的德累斯顿剧院，认真得让人心服口服，还建了一个"重建博物馆"，并被世界文保组织评为最认真的"重建"，同意成为"世界文化遗产"。对于这种现象，有人说，这是因为德国人有钱；我看不是，第二次世界大战结束，他们战败，负债累累，满目疮痍，他们在废墟上重建家园，但是从来不会因为要追求速度，快速致富而偷工减料。他们仍然是慢工出细活，人人追求质量第一。德国战后的复兴，主要是因为有人，有具有科学精神不懂得"糊弄"的人。

人还是刻板一点好，大家都守规矩，社会就会变得文明！

2011.11.19

我们需要"较真儿"

"较真儿"是北京话,它有时是说一个人办事的时候太顶真,不知通融;有时是说一个人,不懂圆通,喜欢认死理。总之大家都不大喜欢"较真儿"的人。如果一个人工作努力,我们说这个人工作很认真,这是表扬。但如果在工作时,他只知道坚持按"规定"去办,如果当他的"坚持"涉及别人的"利益"时,他还不知变通,仍要坚持,人们就说他"较真儿",这是批评。总之"较真儿"是要避免的。

举个例子吧:每个单位上下班作息时间都是有规定的。如果你管考勤,我劝你千万不能认真,有人晚到几分钟,早走几分钟,你最好睁一眼闭一眼,假装没看见。如果你当真管起来,一顶大帽子就会飞过来,这就是批评你在"较真儿"。为了解决这个问题,有的单位就安装上了打卡机,于是请人代为打卡,又成了惯例。总之,"认真"是应该要打折扣的,否则就成了不识相的"较真儿"。

工作上也是这样,举个例子:大家约好哪一天早上八点集合要下工地，为了不误事，说好准点出发。老实人为了准时，考虑到路上不可预测的交通堵塞，于是比平时多留了余量，起大早，结果提前 20 分钟就赶到了集合地点。但有位老兄就偏偏不这样，八点过了 5 分钟，他才慢悠悠地赶到。这时如果你批评他，他一定理直气壮地说："你较什么真儿呀！不就才迟到了 5 分钟吗？"那么多人等着他，他不会感到羞愧，反倒有理了。从此以后提前早到的人也不会再早起，因为他认为早起也没有用，反正人不等齐，不会出发，迟到了也不会受到批评，何必害怕迟到呢？从此以后，人人都迟到。凡规定八点集合的，不到八点一刻绝不会出发，所以总是老实认真的人吃亏。

中国人时间观念差，这就算了，不去计较；做设计，设计质量总应该做好吧！但是现在也是不能"较真儿"的，差不多就行了，千万不要精益求精。你如果要"较真儿"，只有你自讨没趣。我当老总几十年，见过这样的情况无法以数计。前些日子，院里请我看一个方案，已经要做"施工图"了，基本功能问题还没有解决好；我不能不指出来，设计者很不愿意改。他浑身都是嘴，不愿改的理由多得很，就是不从自身去找原因，就是不替业主去着想。于是我发了火，不得不较起真来。

以前我有位结构老总，做技术工作一板一眼，照理说，这很好。但是领导不喜欢，因为他经常让工作马虎者下不了台，于是那些人记恨在心，经常挑这位老总的"毛病"，去向领导"告状"，给领导添了许多麻烦。几十年来我对此类现象从来就不能理解：这些技术管理者不是对企业负责吗？为什么领导反倒不乐意呢？大概是因为企业是公家的，企业的好坏，某些领导并不是真正的关心。这些领导关心的只是自己个人的利益。

经过多年的历练和思考，我才弄明白这样的一个规律：凡工作不"较真儿"者，在做人和做事的选择上，首先选择的是如何"做人"，事情做马虎点无所谓。凡工作"较真儿"者，在做人和做事的选择上，首先选择的是如何"做事"，为做事而得罪点人无所谓。这是两类人。

现在中国的许多人宁愿事情不是做得最好，但不能得罪人，"因为如果你得罪了人，以后事也做不成。"这是他们放弃做事原则时的理论。所以现在的中国人最欣赏的格言是：先学会"做人"，再学会"做事"。这里所谓"做人"，并不是讲如何培养自己的"人格"，而是讲如何"八面玲珑"，以降低公家的工作质量去换取个人的"好人缘"。

但是对于我们这些搞科学技术工作的人来说，做事如果不"较真儿"，大概什么事情都做不了；因为如果要技术人员看着别人的脸色去做事，原则就没有了，工作也就失去了意义。所以在中国有个怪现象，真正有水平者，往往领导并不喜欢，因为他较真儿，"较真儿"会给领导惹事。

在这种风气的弥漫之下，什么事都不能认真。郎咸平先生曾举过这样一个例子，说明中国人工作起来，不能"较真儿"、只能敷衍了事的情况。他说，德国人生产的汽车部件到中国来组装，由中国人装配的汽车质量就是比德国原装的差。德国人拧螺帽，工艺规定：先拧上三圈，拧紧后再退回半圈。而中国人太聪明，干脆只拧两圈半，能偷懒时便偷懒。

中国人做事，什么时候变成这样，我不知道。我只知道，这些年来，一年不如一年。同仁堂有副楹联，上联"炮制虽繁必不敢省人工"，下联是"品味虽贵必不敢减物力"。过去的人胆小，什么坏事都"不敢"。现在人倒好，胆大包天，连假药都敢卖，还怕偷工减料？

我的老师徐伯安先生在纪念梁思成先生的文章里，曾经讲过这么一个小故事：他年轻时，留校帮梁先生制图，那时候制图是用鸭嘴笔，用鸭嘴笔制图，最难的是笔划之间的接头，要接得好，全凭眼睛和手头的功夫。他自以为自己的功夫还不错，没有想到他交图后，梁先生竟然用放大镜去检查图纸的质量。按现在人的观点，梁先生简直是吹毛求疵，"较真儿"到不近人情。

正因为我们做事不"较真儿"，所以当我们去参观梁先生他们那一代人所完成的建筑工程，都只能感到无地自容。解放前，徐敬直等先生设计的"南京博物院"是仿辽建筑，梁先生是顾问，据说图纸上写满了梁先生的建议和批语，梁先生每落一笔，都要找到根据。我是南京长大的，每次回去，总要去看杨廷宝先生所设计的工程，百看不厌，每次总有新的心得。这是因为他们做设计做得"较真儿"。

1958年大跃进，从此之后，一切图快，"萝卜快了不洗泥"，就是国家重点工程也是这样。前几年，我们院承担了1959年的国庆十大工程"中国美术馆"的改扩建，在翻建时，发现中央部分的有的填充砖墙居然没用砂浆砌筑，是干码的，把我们吓了一跳，这就是多快好省，又快又省的"大跃进"！

从大跃进到现在半个世纪过去了，一代代的工匠早已丢弃了传统工匠那种一丝不苟的精神，"齐不齐一把泥"。1959年，我们还能找到好的工匠做"斩假石"，人民大会堂、历史博物馆的外墙装修，就是"斩假石"。现在是传统工艺失传，水泥地面也没有人会做了，我小时候，水泥叫"水门汀"，是高级的。那时的"水门汀"地面是用的时间越久，被磨得越亮，几十年不会"起尘"。老的做法失传，新的做法"糊弄"，我真不知道什么时候我们才能真正提高建筑的质量？现在不仅建筑业如此，各行各业都是如此，听广播说，连商务印书馆出的书也有差错了，这都是过去从来也不敢想的事。如果长此以往，后果实在不敢设想。

其实，凡做科学技术工作，最可宝贵的精神就是"较真儿"！所有重大的人类发现都是因为人们在"较真儿"。前些日子，据报道，欧洲大型强子对撞机"撞"出一个"惊天"的结果，科学家近日宣布发现一种运动速度比"光速"还快的"中微子"。这个实验已经做了三年，一直不敢发表，因为害怕是实验的误差。因为这项发现可能推翻爱因斯坦的假设，颠覆整个现代物理的根基。那么中微子的速度究竟比光速快了多少呢？据报道，在730公里的距离中，中微子只比光的速度快了60纳秒（1纳秒等于十亿分之一秒）。该实验室发布消息是为了让全世界的物理学家都来做实验，验证他们的结果。现在西方的许多实验室都在测量中微子的速度。这项研究可能要若干年才会有结论，但不做到水落石出，我相信他们绝不会罢休。这才是真正的"较真儿"！

如果中国人遇见这样的事该怎么办呢？我们会去问孔老夫子。孔先生一定照老办法告诉你：人间的事你都没有搞清楚，你干吗去问天上的事？这就是中国的传统文化，一个对认识宇宙毫无兴趣，对自然界漠不关心的文化，一个在科学技术方面不能"较真儿"的文化。这种文化天天研究人际关系，为了这种关系，我们可以放弃一切对科学技术的追求。在建筑界，建筑也成了表达人际关系之间的身份、地位的象征，所以技术不能得到进步，这就是中国建筑落后的主要原因。所以为了建筑进步，我们只有"较真儿"。如果不能"较真儿"，我们就没有前途。

2011.12.03

速成

　　自社会提倡竞争以来，所有的人都感到活得很累，连幼儿园的小娃娃都不能幸免。从四五岁起，家长就开始给小孩子们报名参加各种学习班，似乎在课外不给小孩吃点"小灶"，自己的孩子就要"输在起跑线"上了。这就像比赛时，希望孩子们去偷跑。

　　我的许多朋友对此现象都很不满，我问他们："你们都是天之骄子，堂堂清华大学毕业，你们从小是这样的吗？"没有一个人告诉我，他是这样被"培养"出来的。可见现在这套教学模式历史尚不悠久，是近十年的事。不知是哪些教育家的创造？

　　前几天，我碰见一位朋友去接他的孩子，他的孩子正在读"奥数班"。我知道这位朋友就是反对这样学习的，我问他："你怎么也送孩子来啦？"他苦笑道："没有办法！老师考试会出这样的题。"

　　这就是现在教育界，让人莫明其妙！考试出偏题，出上课不教的内容！在这种比赛规则下，当然是做过偏题的人占了便宜。这种考试不是在考能力，而是在考"记忆"。所以整个中、小学界的学生们的学习就是在"押题"，在为考试而学习。这样培养的人真的能成才吗？

为了适应这样的考试制度，各种应试的"速成班"，种种教育发明家应运而生。只要你打开报纸，到处都是教你快速记忆的、快速识字的、快速学习外语的，还有教你怎样把"一学期的数学课"在几天内学完的等等。总之，这些人有学习的法宝，每每听见这些新闻，我总想：这些发明家既然如此聪明，何不自己先把自己培养成天才呢？中国人不是苦于不能自主创新吗？我们何不建议教育部把这些"教育家们"统统组织起来，我相信他们就是中国最最聪明的人。我建议在他们之间互相教学，那么一个个都会在短期内掌握世界各国语言，而且会统统迅速成为科学家。与国与民，岂不是大幸之事，何乐而不为之？

前些日子，我遇见一位老朋友，曾经主管过一个城市的教育，他对上述"速成法"深信不疑。对此，我甚不以为然。我以为学习是不可速成的，一个人的成长是一个漫长的过程，需要长期的耳濡目染，需要熏陶、磨练、感悟、时间。

在我这个愚不可及的人看来，教育的目的是在培养人，培养人要根据人的"成长规律"去培养。在儿童、少年、青年、成年的各个不同的时期，应采用不同的方法，有着不同的教育内容，这就是所谓的"教育学"。"教育学"是一门专门的学问，不要因为你是某个领域的专家，你就可以来管教育。

最近我读了一本小册子《人与人生》，这是解聘如先生所著。解先生，20世纪60年代留学法国，是新华社长期驻外记者。在他的书中有一节"教育与人生"。我觉得写得很好，现摘引片言只语如下：

问：老师与家长首先应该教什么？孩子们首先应该学什么？

答：做人。陶行知先生说得好：千载万载先学做人，千学万学先学做人。

问：你认为启蒙教育，基础教育应从何处入手？

答：我觉得最重要的是两条：一是引导孩子从小学会分辨"是与非"、"美与丑"；二是指导孩子养成良好的习惯。

问：良好的习惯主要有哪些？

答：懂礼貌、讲卫生、爱读书、自己的事自己做。

问：习惯的重要性？

答：习惯能左右你的成败和健康，它是形成性格的重要因素，而性格往往安排人的命运。

问：如何把一个孩子培养成一个正直的人呢？

答：给他（她）真、善、美的启蒙，正直的人一定是有辨别善恶、是非和美丑能力的人。

问：什么是人生的基础：

答：做人。没有这个基础，人就容易受形形色色不良事物的诱惑，误入歧途。

问：少年时最需要培养何种品质？

答：意志。法国大文豪伏尔泰说过：命运的主宰是自己，而人自己的主宰是意志。

问：你认为少年时期最重要的把握是什么？
答：健康的朋友，健康的兴趣。

问：中学阶段对人的一生很重要吗？
答：中学阶段是人生打基础的阶段，品格、体魄、知识都应该在这时夯实基础。

问：同学间应该竞争么？
答：所谓同学之间的竞争是一种误区。我们提倡与同学互助，与自己"竞争"。

问：那么，同学间应该建立怎样的关系呢？
答：互相关心，互相欣赏，互相宽待。

问：自信的意义？
答：自信是成功的第一要素。信心加毅力加智慧就能成功。

问：我们应该如何认识"知识就是力量"？
答：知识只有和道德牵手，才会成为可以改变个人和民族命运的力量。

问：年轻人一定要有理想的环境才能有所作为吗？

答：送你一句陶行知先生的名言：处处是创造之地，天天是创造之时，人人是创造之人。

解聘如先生的书还谈了很多很多，他所谈的引起了我的共鸣。解先生不是教育家，他的教育思想是他那个时代受到的教育的结果。他比我年长10岁，所以他应该是在20世纪40年代到50年代初，度过的小学和中学时代。那个时期中国很穷，甚至处于战乱之中。但是当时的中国教育状况，曾经出现过很好的局面。陈志华先生在他的《北窗杂记》中，曾记录过他在抗日战争时期、在浙江山区受教育的情形。那时的中学教师不仅都是饱学之士，而且热爱学生，热爱祖国。20世纪40年代的西南联大，在那样艰苦的年代为我国培养了多少世界级的科学家！

从废除科举制度，兴办西式学校以来，为了培养师资，全国创办了不少师范学校。当时的师范学校是最难考的学校之一，不仅是因为当时教师的社会地位高，职业稳定；而且因为读师范，可以全部公费（包括生活费），人人读得起，所以竞争也激烈。

20世纪上半叶，国破家亡，觉悟了的中国知识分子，有着强烈的爱国之心，振兴民族是那个时代爱国知识分子的共同心愿。教育救国成了当时一代知识精英的共识。许多留洋归国的大知识分子，都在办教育。解先生在书中提及的陶行知先生只是其中的一位。我所知道的，当时从事过儿童教育的就有黄炎培先生、冰心女士、叶圣陶先生、吴研因先生、罗廷光先生等一大批留洋归国的学者。所以，耶鲁大学校长不久之前曾经说过，中国社会当今没有一位教育家，而在民国时期，教育家灿若晨星。这是为什么呢？

面对当今教育界的混乱局面，我不知道应该说些什么。我只知道，现在我国的经济状况比历史上任何时期都好，但是教育状况却是那样的糟糕。大约是因为社会出了点问题，在一切以经济为中心的口号下，教育也围着经济转了。

在以金钱为中心的社会里，许多人失去了信仰，唯利是图，急功近利。学校为金钱而忙禄，教师已经不再是为人师表。

教师教书是为了挣钱，学生读书是为了"谋职"。教育已经失去了它应有的本意——培养人的道德、品格、修养以及自立自强的能力。教育仅仅成了传授知识技能的工具，这就是"速成"：迅速把学生打造成应试的机器或者职业的奴隶。

这种现象不仅发生在幼儿教育、中小学教育之中，在大学教育中也是这样，教育成了"产业"。自"扩招"以来，由于师资力量不够，大学也变成了"速成班"。

五十多年前的清华大学为了培养人才，延长了学制，从大学本科五年制延长至六年制。我进清华建筑系读书时，听老师说，梁思成先生准备把建筑系办成七年制。梁先生希望高中毕业生先读两年预科，专门接受社会、文化、历史和艺术的熏陶，再接受五年工科的本科教育。梁先生的这个想法不是没有依据，中国医科大学（协和医学院）学制就是八年，其中前三年学生物系，然后再学五年医学本科。

可见教育本来就是一个潜移默化的过程，需要细水长流慢慢来。这就像小火煨牛肉，不能心急。速成只能是快餐，像方便面，完全没有好滋味。

1994年我回清华建筑系教书，发现现在学生的学时数比我们读书时减少了很多。"牛肉"已经不是用小火在煨，而是用大火在烧了。凡是涉及有关提高建筑修养的、练习基本功的、建筑历史类的、技术基础学科的，还有相关专业的以及所有实习类的课程的学时都大大压缩了。这些课程的压缩对培养高质量的建筑人才，极为不利。因为许多课程的学习是要用时间堆出来的。建筑专业对于现在那些应试教育培养出来的高中毕业生来说，本来就是一个很难学习的专业，因为这个专业涉及的面太宽了，它要求学生各方面的素质都很好，而且均衡。这大概就是梁先生希望建筑系办预科的原因吧！

由于学时减少了，许多学生还没有来得及摸着建筑专业的门，就要出门了。这实在是教育资源很大的浪费，不如再多花点时间，这样生米就可以煮成熟饭。

"如何培养建筑师"大约是一个永恒的话题。近来我遇见了一位还在学校里教书的先生，他过去和我在同一个教研组。他对现在的教学状态也是直摇脑袋。他告诉我现在学生学习的状态，比十几年前我在那里教书的时候差多了。他说："现在学生做设计，连平面的功能设计都不做了，直接从杂志上抄造型。"对此现状，我们只能以苦笑相对而视。

这真是快速的设计！又一个"速成"的实例。

2012.05.03

终生受益的教导

说来真快，已经毕业四十年了，没有想到四十年前在清华念书时，教师的几句话，竟然影响了我的一生。

我考清华建筑系，一是受到环境的影响，二是仰慕梁思成先生的学识和名望。记得入学考完美术之后我被分在建筑学专业。1961 年 9 月的一天，在清华大学 2 号楼五层东面的平台上，张家璋老师召集我们这些刚刚分配到建七班的同学，宣布我们的分班情况。张先生说今年我们招收的建筑专业的学生中，有些同学数学成绩非常好，他指着站在他身边的另一位张老师说："他是结构专业毕业的，将来要教你们数学，希望你们能学好结构，甚至有人能设计薄壳和悬索"。当时虽然只是一听而过，但是学好数学，多学一些结构的想法在我的心中已有了萌芽。

因为敬仰梁思成先生，所以梁先生上的"建筑概论"课，他的名著《清式营造则例》以及当时在人民日报上发表的一系列"拙匠随笔"就自然成了我建筑入门的最好的教科书。

梁先生在谈到建筑是"技术与艺术的统一"这一命题时，举了工人体育馆 94 米直径的悬索屋盖的例子。他将这个屋盖生动地比喻成一个横放着的自行车轮子，外环受压，所以用钢筋混凝土来建造，内环受拉，所以做成钢环。在《清式营造则例》一书中，梁先生更是把结构技术的是否合理，作为判断中国古代建筑艺术的发展和衰落的重要标志。后来我才知道，这是法国的结构理性主义学派的观点。

也正好是那个时期，1962 年意大利著名的建筑师、结构工程师 P.L.奈尔维[1] 在哈佛大学作了那个著名的"建筑的技术与艺术"的报告。当看见罗马小体育宫[2] 的照片时，我想，如果能成为一个精通结构的建筑师，那是多么美好的一件事啊！

我开始系统地自学结构课程是从"文化大革命"开始的。那时学校里发生了武斗，我把一个箱子和一个行李卷存放在王敦衍同学的家中，登上了南去的列车。一方面是由于前途未卜，一方面是由于我觉得自己的结构知识太少了，不知将来能否适应工作，这种求知的渴望使我决心从最基础的数学开始补课，以便做学习结构的准备。

这种补课一旦开始，便变得一发不可收拾。我陆陆续续地从微积分补起，涉猎了线性代数、矢量代数、复变函数、数学物理方程、差分方程等。从理论力学补起，涉猎了材料力学、高等材料力学、弹性理论、力学变分原理、壳体理论、悬索理论、结构力学、结构动力学、地震工程概论、结构矩阵分析等。从砖石结构开始，直到学习钢结构理论。从混凝土结构开始，直到学习预应力结构理论等等。

读书陪伴我度过了内乱的十年，我一直在等待着科学的春天。1977年，我所在的中建一局的张恩树局长（"文革"前的中国建筑科学研究院副院长）决定将下放在一局的一批建筑科学研究院的技术骨干组织起来，组建中建一局建筑科学研究所。我被调入研究所工作。

我所参加的课题，是研究"南斯拉夫材料结构研究所"的一个抗震的预应力板柱体系（IMS体系），这是唐山地震后，南斯拉夫友人通过外交途径向我国政府推荐的房屋结构体系。该体系是一种预制装配体系，曾经在南斯拉夫经受过多次地震灾害的考验。该体系由于其独特的"板－柱节点"，曾引起国际工程界的重视，罗马大学、美国加州理工大学、前苏联都曾经对这种结构做过研究。该结构在国际上曾获过大奖。

这项研究工作也是我国从构件预应力技术，走向房屋整体预应力技术的一项重大科研项目。依靠大家的共同努力，我们的研究成果在1987年获得了国家科学技术进步二等奖。

在这项研究中，我负责的课题组作出的最重要的贡献，是将原体系的结构由"四柱一板"的结构单元（在4根柱子之间搁置一块预制楼板），发展成了"四柱多板"的结构单元（4根柱子之间的楼板由多块预制楼板组成）；从而扩大了结构的"柱网尺寸"，创造了多块预制板在无梁的状态下，用预应力的手段形成"大柱网板柱结构"体系的营造方法。这是一种崭新的建构方式，用这种方法建成的房屋的"柱网尺寸"，达到了11.7米×11.7米（在4根柱子之间，用9块预制楼板拼成一块整板）（这是由孙春发同志具体负责的）。这种预制装配的大柱网的板柱结构是中国人的一种创造，也是很多年来许多国家工程师的一种愿望。前苏联和南斯拉夫的工程师们都做过类似的努力，但结果都没有我们的好。

这项技术扩大了原体系的适用范围，使得一个只能用于住宅的结构，变成了可以用于公共建筑、工业建筑的结构体系。它成功地被应用于亚运会工程（北京速滑馆工程）等多项工程中，不仅得到了国内同行的高度评价，而且受到了该体系的原创始人，南斯拉夫科学院院士ZeZeLy

教授的赞扬。1993年南斯拉夫IMS研究所到我国考察之后，将我们研究的"板－板节点"用南斯拉夫文和英文两种文字发表于"FIP"（国际预应力协会）第12届年会上，向世界作了介绍。1993年，我参与编写的技术规程正式通过。规程主编杨华雄同志，从确定楼板的预应力分布及强度计算的各种理论中，采用了我的研究结果。

这项工作从1977年开始，1978年底我提出大柱网结构的模型，开始试验研究和计算理论的探索。1982年建成第一栋试验性建筑。1987年获奖。1993年完成规程的编制。前后长达16年之久。加上10年的自学，历时26年。

我自己也没有想到，在2号楼五层平台上，张家骧老师的几句话，竟然影响了我一生。在这条漫长的充满艰辛的道路上，有着一片无限美好的风光。在这里，我打开了一扇窗户，看见了一片新天地。当我弄清一个概念，读完一门课程，而又在实践中解决了一个问题时，内心得到的满足是无以言表的。每当我重读建筑历史，每当我去拜访古代、现代的建筑名作时，这些建筑的精湛的技术、优美的结构以及感人的艺术表现力，总使我产生敬畏之心。不管今天世人是如何认识建筑的，我仍坚信优秀的建筑应该是，也只能是技术和艺术的完美结合。梁先生关于建筑美的论述在我心中仍然是真理！

今天，我把这段经历写出来，一是对毕业四十年的纪念，也是为了怀念已故的梁思成先生和我们的班主任张家骧先生，为了感谢我的父母和从小教育我的老师们，为了感谢帮助我成长的同学和朋友们。

注释

1. 奈尔维（1891～1979）Nervi, Pier Luigi

意大利建筑师。奈尔维毕生致力于探索钢筋混凝土的性能和结构潜力，凭借他超群的结构直觉，运用他创造的钢丝网水泥和多种施工方法，创造出风格独特、形式优美、有强烈个性的建筑作品。在变革建筑结构和施工工艺中，为创新空间形象作出贡献。其名言有"建筑必须是一个技术与艺术的集合体，而并非是技术加艺术"。

2. 罗马小体育宫，意大利建筑师奈尔维（Nervi, Pier Luigi）结构设计，为 1960 年罗马奥运会而建，1959 年建成。罗马小体育宫以精巧的圆形屋顶结构著称于世。屋顶直径 60 米，由 1620 个钢筋混凝土预制菱形构件拼合而成。这些构件最薄的地方只有 25 毫米厚，不但在力学上十分合理，而且组成了一个非常完美秀美的天顶图案。

2007.03

"漱口"一课第二教时听课印象记
——记南京师范学院附小吴家翼老师的一节语文课

文/王 铁

一

课堂活动已开始了，黑板前站着一个不大的男孩正在板书，下面几十双小眼睛都在注视着他，整个教室仿佛并没有注意我们这些参观的客人走进来，课堂里静悄悄的，板书的擦擦声是唯一的声音。

一会儿，黑板上出现了三组童体字："普通，侵蚀，牙齿"。从后边看，除了字形不大整齐外，很不容易发现什么错误。

教师指着黑板发问道："你们看他写得对不对？"

她的话刚一停，几十只小手举起来了，他们睁着期待的小眼望着老师。一个坐在中间的男孩被叫起来订正，他指出"侵"字多了一竖。教师点了点头，她机智地发觉到儿童们容易弄混字形相仿的字，便接着问道："你们学过的字有哪些是有一竖的？"几位小朋友站起来回答了这个问题。

田芊小朋友先说道："修路的修字"。汪健民小朋友补充道："

一條兩條的條字。"教师都随手把它们写在黑板上，引导大家回忆这些学过的字，还分析了这些字形的特点，教给儿童们怎样辨认它们，最后叮咛他们："小朋友记着：侵蚀的侵字，中间是没有一竖的。"教师接下去问道："昨天我要大家回家把课文读三遍，大家读了没有？"

"读了！"全体儿童举起了手。

教师指定李宝庆小朋友朗读了课文，小朋友轮番地作了订正，教师又作了最后的订正。

检查作业结合着巩固旧课，是这样认真地进行完了。

对单字的记忆是很容易陷于机械的识认的，听课的刹那间，勾起我回忆童年时学单字的痛苦，一根藤鞭和老教师严厉的面孔出现在我的脑际，那种呆读死背的情景，至今还感到像嚼蜡一般的乏味。如今教单字有分析、有综合，把新字和旧字作对比，学了新的，也想起了旧的。我望着这些小朋友的背影，羡慕地想着。

二

复习课文开始了，一个生动的表演和问答也开始了。

教师悄悄地从盛醋的碗里，取出了一个醋泡过的鸡蛋，远远望去，蛋壳早已失去了光泽变得暗灰了，还有几处已脱落了外壳，露出了白色的软膜，教师说明把它泡在醋里三天了，学生观察这个形象也三天了。

观察给儿童的印象显然是深刻的，教师先让一个叫黄谆的小朋友说明了他观察的印象："第一天蛋壳变得不光滑了，第二天蛋壳上脱落了一层皮，今天蛋壳变软了。"然后，教师像变魔术般地把它放在手掌上，用手指轻轻捏了几下蛋壳，残破的蛋壳果然变软了，表演印证了"漱口"的第一段课文。教师随意指定一个儿童念了第一段课文，从儿童的表情和声音里，人了解到他已经领会了这段课文的内容。

教师很快把谈话转到另一个事物上，发问到："谁见过什么骨刻？刻字工人伯伯在骨头上刻字的时候，为什么要把骨头在醋里泡一下？"儿童们举出了很多的东西，像手章、玩耍的骨刀和骨制的牙刷柄，并且说出把骨头泡在醋里就发软了容易刻了。提问引导着他们联想，随后，教师总结了儿童们这些观察过的经验，解释了骨头放在醋里能变软的道理，她又拿出了一个象牙刻的图章演示给他们看，经过这样一步步的引导，教师的演示和谈话，仿佛用一根线紧紧地牵着儿童的思维，从观察蛋壳，引导他们回忆生活的体验，到说明骨头蛋壳泡在醋里变软的道理，每向前发展一步，便使得儿童的认识升到一个更高的境界。儿童自自然然地领会了"漱口"的第二段课文。这时，教师便指定了一个小朋友读第二段课文。她读得是那么清晰和准确，还能表达课文的感情。我感觉课文已变得像春雨滋润过的泥土，软松松地，儿童们自己就能耕透它了。

教课到了这时，"醋和酸类能够侵蚀骨头"已经变成儿童共同的认识了。这样，就给儿童进一步认识"酸类能侵蚀牙齿"搭了一道桥梁。

"牙齿比蛋壳结实得多，比普通的骨头结实得多，它为什么也会受酸的侵蚀呢？"教师提问道。

许多小朋友举起手来，师生有秩序的讨论又开始了。等多数儿童认识了酸类也侵蚀牙齿的原因后，教师又紧紧地掌握着他们的认识程度，引导他们认识"一切含石灰质的东西，都会被酸类侵蚀"的道理。

"鸡蛋壳、骨头、牙齿都含有什么东西？为什么它们碰到酸就会起变化？"

教师的话刚说完，不少小朋友举手表示已经明白了这个道理，浦柏生小朋友站起来说："蛋壳、骨头、牙齿都含有石灰质，它们碰到酸，都会发生变化"。

教师从儿童的回答里，觉察到他们已经有了"一切含石灰质的东西都会被酸类物质侵蚀"的概念，便敏捷地引导小朋友根据这个概念，再理解另外的事物。

"你们吃了糖果以后，等一会嘴里觉得怎样？"

"变酸了！"儿童们答道。

教师抓住儿童"变酸"的感觉，解释本来不酸的东西，留在牙缝里也会变酸的。

教师解释之后，又把问题提高了一步，接着问道："为什么糖果、饭、白菜等塞在牙缝里会损害牙齿呢？"

"食物塞在牙缝里要腐烂！"刘珍梅小朋友站起来回答道。

"为什么食物塞在牙缝里要腐烂？"教师紧追问一句。

到这时，教师的提问，把儿童的认识引到另一个高峰了。儿童们做了各种答案：有的说牙齿里有细菌，有的说因为嘴里发热。教师综合了儿童的答案，说明口腔有适宜的温度，食物的残渣留在牙齿缝里，细菌就会寄生，残渣就会发酵、变酸，因而侵蚀了牙齿。这样，教学便给了儿童一个完整的概念，达到了理性认识。

教师运用演示和谈话，像剥春笋一样，把教材的内容层层地剥下去，儿童的思维紧跟着谈话，从一个高潮走向另一个高潮。几十个儿童便沉入到紧张思维的潮水里，他们忘记了以外的一切。

三

"教学是怎样联系实际的呢？"我听到过不少教师提出这个问题，

我也遇到过有的教师把"实际"当做"美容膏"似的，在教材上淡妆浓抹地涂一阵，听来几乎不识庐山了。吴老师却不是这样，她紧紧地掌握着"漱口"一课后两段的内容，又和儿童们谈起话来。

"塞在牙齿里的食物变酸了，既然要侵蚀牙齿，把牙齿弄坏了，那么怎样来保护我们的牙齿呢？"

徐英祖小朋友答道："少吃酸的东西，不让食物留在牙缝里，吃饭后要漱口刷牙。"

这时，课堂上开始检查漱口刷牙的习惯了。教师先问每天刷三次或两次的小朋友，几乎全都举了手。她又反问道："有没有不刷牙的小朋友？"教室里沉默起来，没有一个举手的。"有没有每天刷一次牙的小朋友？"她补充发问道。有两个儿童轻轻地举了手。随着她就检查他们在什么时候刷，等她发现有些儿童没有晚间刷牙的习惯时，就认真解释了晚间刷牙的好处。

这样，课文里的道理就和小朋友的卫生习惯结合起来了，小朋友们明白了刷牙漱口的理论知识后，便来矫正自己的卫生习惯了。

教师接下去又提出了一个问题："你们是怎样刷牙的？"张道麟小朋友回答道："我是竖刷的，这样才能把牙缝里的东西刷出来。"

这时，教师取出一柄牙刷，交给了张道麟小朋友，他张开了小口，当场演示给全体儿童看。然后教师补充地说明怎样刷便没有用处，使儿童懂得刷牙漱口的正确方法。

"漱口"一课的逐段分析就这样进行完了，在分析每段大意时，教师也紧紧掌握着语句的解释。

授课的时间只剩几分钟了，教师把谈话内容归纳了几个要点，又把以下的问题作了重点解释：为什么要刷牙？刷几次？在什么时候刷最好？怎样保护牙齿？

快打下课铃的时候，教师把先写好作业题的黑板翻过来了，上面写着：1.怎样保护牙齿？ 2.读课文五遍。

教育学是一门科学，可是一旦把它的理论在工作上体现出来，就变成了艺术。这是一种真正的艺术！不是吗？演示法的灵活运用，就好像变魔术生动有趣，灵活运用了各项教学原则的谈话，它就变成儿童思维发展的向导，引导着思维这个"游客"，越过教材内容里的种种重峦叠嶂，由一个境界达到另一个境界。我们的下一代就在这种紧张愉快的气氛里，一分一秒一时一刻都在茁壮成长起来，这难道不是真正的艺术吗？我在听吴老师上的一堂课里，看到了这种艺术的初步形象。我们预祝这种幼芽早日长大，并在全国各地普遍地滋长起来。

本文原载于 1955 年《小学教师》第 9 期

附　录

附录一 梁思成、林徽因测绘

　　梁思成、林徽因通过对古代资料文献的查阅整理，并应用实地考察、古建测绘、文物考古等手段，系统地研究了中国古代建筑自唐宋以来上千年的演革历史。他们发现了应县木塔、佛光寺大殿等中国现存的最古老的木构；并对大量的中国古建遗构的年代进行考证，对各时代的建筑的特征进行归纳和总结。

　　美国历史学家、美国现代中国学的奠基人之一 John K·Fairbank（ 费正清 ）教授说到："在外国人看来，梁思成和林徽因在自己专业中的成就几乎是无与伦比的。他们一道探访并发现了许多中国古建筑的珍贵遗构。并且，由于受过专门教育、因而他们有能力把它们介绍给世界，并作出科学的描述和分析。"

		3	4	5
1	2	6	7	
			8	

图 1 北陵测绘

图 2 梁思成 林徽因在祈年殿

图 3 梁思成林徽因在龙门石窟

图 4 林徽因 –1936 测绘山东

滋阳兴隆寺塔

图 5 林徽因测绘佛光寺塔幢

图 6 楚雄文庙测绘

图 7 林徽因在乐王山测绘

图 8 梁思成 莫宗江在赵州桥

佛光寺大殿

唐朝之前的木构已无存留。唐代木构保存至今，而年代确实可考者，唯有山西五台山佛光寺大殿（建于唐宣宗大中十一年，公元857年）与南禅寺大殿（建于公元782年）两处（解放后发现）。佛光寺大殿在唐代是五台大刹之一，敦煌壁画"五台山图"中已有记录。大殿虽经千余年历史的变迁，却因其所处位置偏僻，烟火冷落，香客廖廖，幸免于后人的随意改造，故保存完好，最具有文物和史学的价值。

该大殿面宽七开间、深四间，庑殿顶。除大殿本身为唐代木构外，殿内尚存有唐塑佛菩萨像数十尊，梁下有唐代题名墨迹，栱眼壁有唐代壁画。该殿集此四艺于一身，成了绝中之绝，被梁思成先生称作是："中国第一国宝"。

佛光寺大殿是1937年6月由梁思成、林徽因先生等一行四人，在对中国古建筑的野外实地考察中，首先发现并考证的。梁先生撰文《记五台山佛光寺的建筑》发表后，轰动了中外建筑界。发现佛光寺是梁先生、林先生对中国建筑史研究作出的一大贡献。

|1| |3|
|2| |4|

图1 五台豆村镇佛光寺大殿全景
图2 佛光寺大殿
图3 佛光寺大殿剖立面图
图4 佛光寺大殿梁架结构示意图

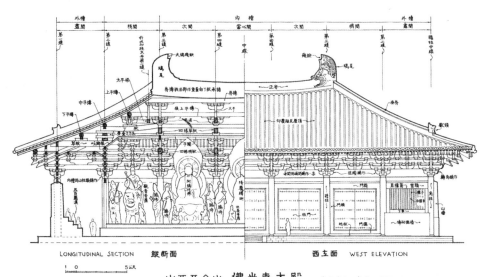

LONGITUDINAL SECTION 縱斷面　　西立面 WEST ELEVATION

1 0　　　　5公尺

山西五台山 佛光寺大殿　唐大中十一年建 857 A.D.

MAIN HALL OF FO·KUANG SSU·WU·T'AI SHAN·SHANSI

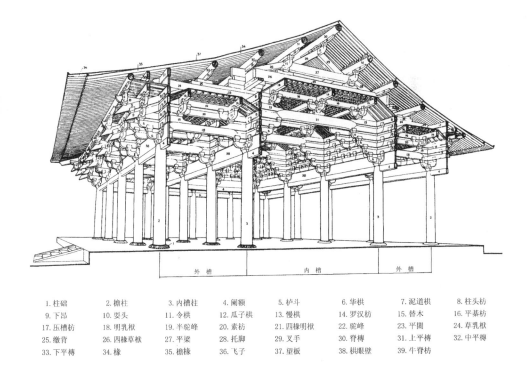

外槽　　　　内槽　　　　外槽

1.柱础	2.檐柱	3.内槽柱	4.阑额	5.栌斗	6.华棋	7.泥道棋	8.柱头枋
9.下昂	10.要头	11.令棋	12.瓜子棋	13.慢棋	14.罗汉枋	15.替木	16.平棊枋
17.压槽枋	18.明乳栿	19.半驼峰	20.素枋	21.四椽明栿	22.驼峰	23.平闇	24.草乳栿
25.缴背	26.四椽草栿	27.平梁	28.托脚	29.叉手	30.脊槫	31.上平槫	32.中平槫
33.下平槫	34.椽	35.檐椽	36.飞子	37.望板	38.棋眼壁	39.牛脊枋	

应县木塔

　　山西应县木塔(佛宫寺释迦塔)是我国现存的最为古老的木塔(建于宋仁宗嘉佑元年,公元1056年),塔高67.13米。塔立于寺山门之内,大殿之前,中线之上,为全寺之中心建筑。塔平面八角形,高五层,全部木构,下为阶基,上立铁刹,塔身构架,以内外两周柱为主。木塔的构件的联结全部采用卯榫节点,并以斗栱作悬挑及柱、枋联结。由于平面复杂、剖面有上下收分,故斗栱形式多样,种类多达54种,是斗栱技术最为复杂的、现存的中国传统建筑。木塔经千年而屹立,充分反映了我国传统工匠卓越的智慧和高超的木构建造工艺,是中国传统木构的又一瑰宝。

　　1933年夏,中国营造学社梁思成、刘敦桢、莫宗江先生发现了该塔。梁先生发现此塔后,"心情兴奋","半天喘不出一口气来。"

1　　　|　　　2

图1 应县木塔东面全景
图2 应县木塔剖面,中国古代建筑史,p218

《清式营造则例》

梁思成先生研究了清式建筑，在《清工部工程做法》的基础上，1934 年出版了《清式营造则例》。他用图解的方式，为中国古建筑繁杂的各类建筑及其构件明确了"称谓"，成了中国传统建筑的一部"辞典"。

梁思成通过对宋朝《营造法式》和清朝《营造则例》的比较和实物调研，发现了中国传统木构建筑艺术衰败的原因，他确认这种原因在于建筑技术的停滞甚至倒退。梁思成建立了对中国传统建筑的评价体系，完成了《中国建筑史》（1944 年），纠正了外国人所写的同类书中的许多错误。

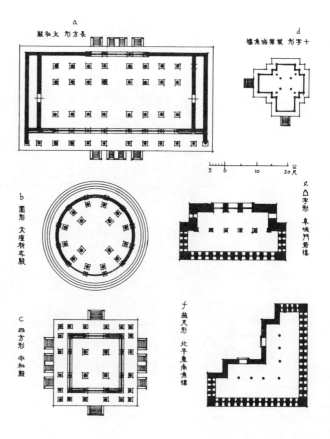

1　2　3

4

5

图 1 清式营造则例
图 2 各种平面比较图插图
图 3 墙柱位别图插图
图 4 宋元明清斗拱之比较插图
图 5 角科各部名称插图

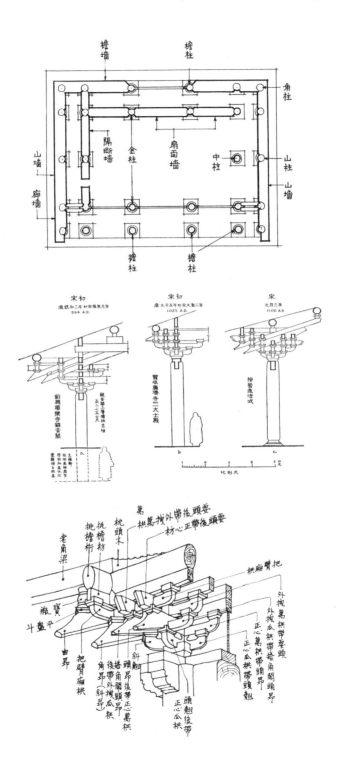

附录二 梁思成建筑作品选

吉林省立大学校园礼堂图书馆、教学楼

建筑设计：梁陈童蔡营造事务所（建筑师梁思成、陈植、童寯、结构工程师蔡方荫）

时　　间：1930 年

20 世纪 20 年代末，吉林省主席张作相决定创办"吉林省立大学"，校舍面积两万平方米，教学及生活用房各半。1929 年，张作相聘请时任东北大学建筑系主任的梁思成先生负责设计工作。该建筑是梁先生留美归国后承接的第一项建筑规划及设计任务。

由梁陈童蔡营造事务所设计的该校园建筑，保存至今，有记载的有三幢：一幢是"礼堂图书馆"，另两幢为"教学楼"。"礼堂图书馆"位于中线上，坐北朝南，成为教学区的中心建筑；两幢"教学楼"对称布置在其左右，分别面向东、西，成为配楼，相距约 90 米。三幢建筑成品字形布置，围合成学生活动场地。场地大小约 9000 平方米。这组校园建筑的设计反映了梁思成他们那一代留美归国的青年建筑师在 20 世纪 20 年代末、30 年代初的建筑理想。这个理想就是创造具有中国民族特色的现代建筑。正如陈植先生在纪念梁思成先生的文章中写道："当时思成兄力主建筑要有民族特色，但不应复古。吉林大学即以此原则尝试设计的。"

礼堂图书馆

该建筑平面为十字形，石砌结构，坡屋顶，瓦屋面。首层为图书馆，设有夹层书库、业务用房、目录厅、出纳台以及阅览室。二层为带有楼座的大礼堂、礼堂前厅两侧有若干小房间，使用目的不清，可能是教员办公室。礼堂池座楼面有升起，以解决视线问题。主入口朝南，通过大台阶上二层礼堂。该建筑的剖面设计和交通组织极为老道：室外大台阶、室内台阶、室内楼梯以及有高差的室内大厅建筑空间的处理手法等也很精彩，尺度与空间的把握恰如其分，建筑细部处理可圈可点。建筑的外形设计，总体上沿用当时欧美石砌建筑简约的新做法，但在细节上适当点缀中国传统纹饰及图案。室内大厅梁柱及栏杆等采用民族风格。这是一次西式建筑中国化的成功尝试。

教学楼

作为礼堂图书馆的陪衬，教学楼设计得平实无华，3层建筑、平屋顶。建筑平面为一字形，入口居中，对称布局。立面设计最有创意的是檐口下部的装饰处理，采用了石砌斗栱纹饰。该手法后由童寯、陈植先生于1931年在设计民国政府外交部大楼中被再次使用，获得了成功。

1	2	图 1 吉大礼堂图书馆
	3	图 2 吉林大学图书馆剖面
		图 3 吉林大学图书馆首层平面图

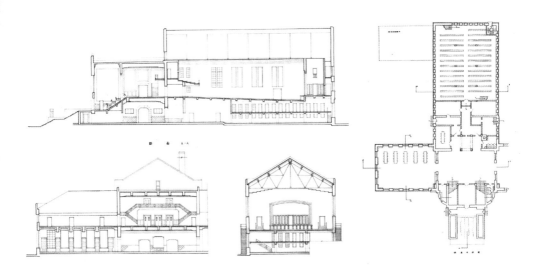

北京仁立地毯公司铺面改造

建筑师：梁思成、林徽因建筑事务所

时　间：1932 年

如果我们把"吉林大学校园工程设计"比作是梁先生的"牛刀初试"的话，"北京仁立地毯公司铺面改造工程"的设计，表明梁先生在设计上已走向成熟。这项工程很小，仅仅是对该楼的底层铺面做室内改建和外立面的改造。因为没有留下改建前该建筑的任何资料，所以我们无法体会改建中在结构工程方面遇见的种种困难，因为外立面的改造一定与该建筑原有结构体系有关。

从剖面图中，我们发现梁先生对平面做了改动，增加了橱窗；并在商店入口门洞处，增加了两根木立柱，上顶一根木梁，柱与梁的交接处做了雀替，木墙裙的做法完全采用中国传统。

该工程的外立面处理是极为成功的。透亮的大片玻璃的橱窗和楼层临街的大玻璃窗与窗下墙的虚实对比，形成了立面中央部份的横向分割，这使得该建筑走向了现代。吉林大学工程中的传统的砖石结构的艺术表现，在本工程中被现代框架结构的艺术表现所替代。窗间墙立柱顶端梁头的处理，中国味儿十足。底层橱窗的立柱，因近人，其柱头做了斗栱装饰，使得建筑细节变得丰满起来。在建筑的天际线的处理上，用吻兽和女儿墙高低变化使之丰富，同时强调了铺面主入口门洞的重要性，以示与楼梯间次入口在等级上的差异。

这是一个小建筑的立面，但不同尺寸和不同立面处理的门窗和橱窗的种类就达 6 种之多。梁先生、林先生竟然把它们各自处理得如此得体，而且协调统一，同时又突出了重点，这充分显示了设计者高超的建筑艺术设计能力。这是梁先生又一次将西式建筑中国化的成功实践。可惜的是该建筑已被拆毁。

1
2
3
4

图 1 改建后的立面
图 2 首层平面图
图 3 东立面图
图 4 首层 A-A 剖面

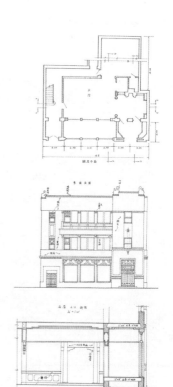

北京大学地质馆

建筑师：梁思成、林徽因建筑事务所

时　间：1934 年

20 世纪 30 年代的欧洲，现代主义建筑运动已经取得了骄人的成绩。时刻关注世界建筑发展趋势的梁思成先生已经敏锐地认识到建筑发展的新趋势。他开始接受功能主义的思想，他曾著文写道："形式为部署逻辑，部署又为实际问题最美最善的答案，我们不能与此理想背道而驰。"北京大学地质馆的设计，就是他学习西方现代主义后所做的第一次尝试。

北京大学地质馆：建筑平面为曲尺形，共 3 层，砖混结构，平屋顶；自由平面，不对称格局；建筑外形、体积的构成完全服从内部功能布局；不追求建筑的雄伟感；没有多余的装饰；体形微量的起伏变化，大片的玻璃窗的横向线条的处理，小窗洞口与大片实体墙的对比，使得建筑清新、别致和新颖。入口处简洁的雨棚、深凹的门洞，在阳光下产生的阴影显得生动。门头上部旗杆设计的细节、门洞两侧的线脚、台阶与花池的配合、灯箱的处理、窗间墙上用砖块砌出的凹凸横线条以及室内的园弧墙角和楼梯扶手的细节设计等等，处处可见设计者的匠心。

北京大学地质馆的设计标志着梁思成先生已决定献身于中国建筑走向现代主义的事业，直到 1951 年被迫检讨为止。

图 1 立面实景

北京大学女生宿舍

建筑师：梁思成、林徽因建筑事务所

时　间：1935 年

北京大学女生宿舍同样是一幢现代主义的新建筑。平面呈 U 字形，3 层、局部 4 层，砖混结构。这是一幢居住类建筑，设计的重点在平面的功能设计。梁先生一反传统的中间长走廊的宿舍方案，采用了短内廊的单元式平面。每间宿舍开间约 3.6m，深约 2.4m，估计都是单人间。每间有一壁橱。每单元每层共 8 间宿舍和一公共卫生间。另外还有一小间房，约 4 平方米，估计是公用储物间。设计标准比较高，整个建筑的面宽很大，光照条件好。

林徽因先生在向清华大学学生讲授建筑设计课程时，多次提到该工程的设计。以此设计为实例，讨论建筑的功能问题。为了设计该宿舍的楼梯扶手，梁先生、林先生多次调研，以便找到适合女学生身材的扶手高度和扶手断面。该建筑用单元组合的方式进行设计，为建筑构件的标准化生产奠定了基础。

北京大学女生宿舍的设计，标志着梁先生的设计思想已经跟上了现代主义前进的步伐。

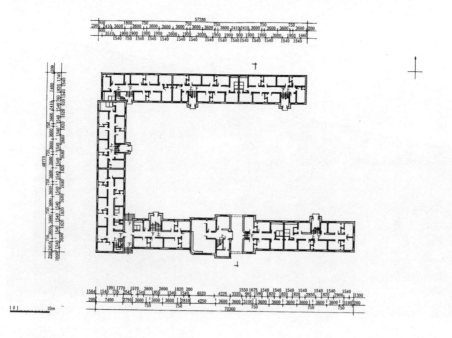

1   2

3

图1 首层平面图
图2 西南立面图
图3 建成后实景

扬州鉴真大和尚纪念堂

建筑师：梁思成、扬州建设局、扬州市建筑设计院

时　间：1963 年

鉴真和尚是唐朝高僧，曾为扬州大明寺住持，后东渡日本传播佛教文化，并将中国传统建筑的营造方法传至日本，留有遗物唐招提寺金堂在奈良。1963 年，鉴真和尚圆寂 1200 年，中日双方为了纪念这位中日两国文化交流的伟大使者，分别在两国各地举行纪念会或法会。中国政府还决定在鉴真的故乡扬州建纪念堂，并将设计任务交梁思成先生负责。该设计工作始于 1963 年，工程于 1973 年竣工。纪念堂由前厅、回廊、碑亭及大殿组成。殿中端放着鉴真大师像，两侧挂有四幅绢本壁画，分别是西安大雁塔、肇庆七星岩、日本九州秋妻屋浦和奈良唐招提寺金堂，向人们展示了鉴真生活和经历过的地方。

纪念堂的选址和初步方案由扬州建设局提出。梁先生对方案作了重要的修改，并亲自拟定修正案，以调整纪念堂、碑亭、回廊的比例、尺度和建筑风格。另外，他对于大殿屋顶的坡度、碑的形式、碑亭的屋顶形式、油漆的色彩以及彩画等问题都作出了明确的指示。

由于地势原因，新建纪念堂平面尺寸比日本唐招提寺金堂小得多，进深不得不由四间减至为三间，因此殿内原有格局必须有所改变，但却又要能保持唐招提寺金堂前廊的主要特征，是设计的最大难点。梁先生为此做了明确的建议，将中柱后移，虽不合古制，但梁先生认为"这是可以允许的。"反映了梁先生不为古制所束缚的大家风范。

纪念堂的建筑艺术水平在我国同类建筑中达到了顶峰，这是梁先生的最后一件设计作品。可惜的是，他还没有来得及见到它的建成，就在文革中含冤至死。

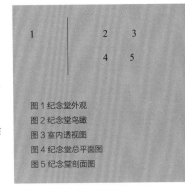

1		2	3
		4	5

图1 纪念堂外观
图2 纪念堂鸟瞰
图3 室内透视图
图4 纪念堂总平面图
图5 纪念堂剖面图

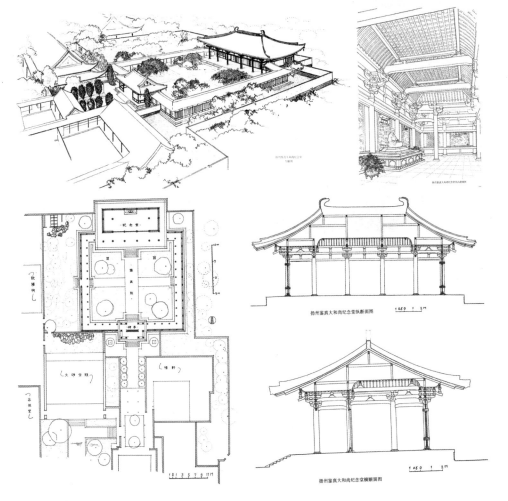

附录三 杨廷宝建筑作品选

清华大学图书馆扩建项目说明

建筑师：杨廷宝

时　间：1930–1931 年

原北京清华大学图书馆由美国建筑师墨菲设计，平面呈"T"字形，前部为研究室办公用房、阅览室，后面是书库。20 年代末，由于藏书面积和使用情况不能满足要求，与 1930 年 3 月设计扩建，1931 年 11 月完工。

当时，曾设想以原馆位中心，在两端增加阅览室和书库，这样较经济、合理，但此方案未能实现。遂另立轴线，主入口设转角处，旧观居一侧，扩建成为对称环保的格局。正中 4 层，两侧翼阅览 2 层，后部书库 3 层。整体布局紧凑，功能分区明确。新馆的尺度、材料、色调甚至细部处理均力求与旧楼取得协调一致的效果，成功地使两者结合为和谐、统一的整体。扩建后大阅览室可容纳 500 余人，全馆可同时容纳 1200 余座。

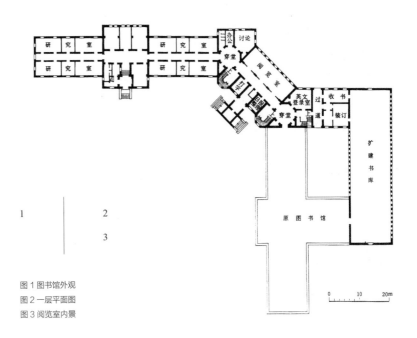

1 | 2
3

图 1 图书馆外观
图 2 一层平面图
图 3 阅览室内景

南京中央研究院社会科学研究所

建筑师：杨廷宝

时　间：1947年

中央研究院位于南京鸡笼山麓，环境幽静。研究院先后建有地质研究所（1931年）、历史语言研究所（1936年）和社会科学研究所。

社会科学研究所建于1947年，平面"T"字形，后面突出部位是3层书库，前面西端有小型讲演厅，作学术活动之用，其余为科研、办公等用。大楼面临城市道路，体量较之地质、历史语言等所为大，外观处理更为富丽，形成建筑群中的主体。这三座建筑虽建造时间不同，但都采用了风格一致的民族形式处理手法。而各自的入口处理有用门廊、门罩或抱厦，使各有区别，在统一风格中富有变化。整个院内山石树木与蓝绿色琉璃相映成趣，是杨廷宝先生把中国古典建筑的设计手法成功地运用于具有现代功能建筑的又一创作实践。

1 | 2

3

图 1 中央研究院正门和
社会科学研究所大门
图 2 一层平面图
图 3 檐口细部

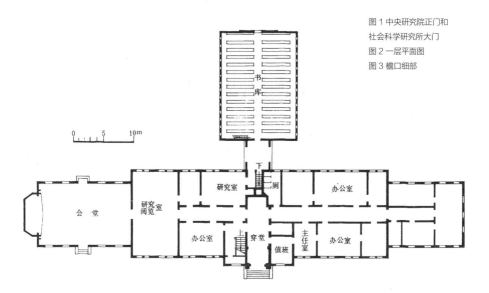

南京延晖馆说明

建筑师：杨廷宝

时　间：1948 年

延晖馆即孙科住宅，建于 1948 年，坐落在南京中山陵园区，以公路、小溪为界，占地约 40 余亩，建筑面积约 1000 平方米。

住宅前院开阔，设警卫室、车房、停车场等，住宅东、南是大面积的草坪和树丛，环境幽深恬静。

住宅入口朝北，用玻璃砖作墙面，使进厅光线明亮而柔和。底层布置大客厅、餐厅、客房及厨房和其他辅助用房。二层主要为大、小卧室。局部屋顶上设水池，水池由浮球阀自动控制，这除满足室内保温隔热外，也利于屋面的保护和防渗漏。从底层由专设楼梯可直达半地下室，这里，夏天阴凉，是盛夏避暑之处。

1　　　2

3

图 1 一层及二层平面图
图 2 大客厅外景
图 3 西南一角

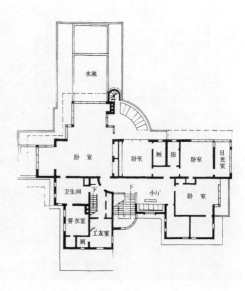

南京新生俱乐部说明

建筑师：杨廷宝

时　间：1947 年

南京小营新生俱乐部建于 1947 年，建筑面积约 3000 平方米。

在布局上将人流聚散较集中但又可单独对外的大礼堂设在建筑物南端，与其他活动场所适当分开，避免干扰。大礼堂不带楼座，可适应讲演、歌舞及电影的不同需求。

由于基本上采用集中布置方式，分区明确，管理方便。音乐厅、友谊室、餐厅、礼堂等各部分既有适当分隔，又感空间流通。利用各种活动室不同空间尺度，组织建筑体形，丰富立面造型，外观简洁明朗。

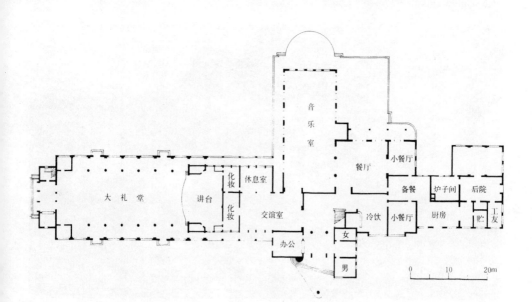

1 | 2
3

图 1 首层平面图
图 2 外观实景
图 3 入口一角

北京和平宾馆说明

建筑师：杨廷宝

时　间：1951–1953 年

　　和平宾馆位于北京金鱼胡同和西堂子胡同之间，，临近东安市场。1951 年设计时，原系利用社会游资建造一座青年会式的"联合大饭店"，以供外地来京办事人员作短期住宿之用；1953 年，施工直四层时，值"亚洲太平洋区域和平会议"拟在北京召开，经国务院决定，供"和平会议"使用，对原设计客房部分略作修改，于 1953 年夏落成，命名"和平宾馆"。宾馆建筑面积为 7900 平方米，投资约一百余万；主楼客房为一字形。设计时着重考虑了建筑环境，前院内保留两个大榆树，用不对称手法处理宾馆入口、餐厅等，有机地组合室内外空间。在总体上把金鱼胡同和西堂子胡同作为单向进出车行道，在宾馆底层设一车辆"过街楼"，巧妙地把前后院贯通，解决了用地局促、车辆交通和停车场等问题。同时，在宾馆前保留、整理一组四合院（原为清末大学士那桐住宅），也供外宾住宿。

　　宾馆门厅是旅客出入交通、办理业务的中心，合理安排了服务台、楼梯电梯和小卖部的位置。休息厅位于门厅一角，不受来往交通干扰，大玻璃窗面对院内景色，内外空间浑然一体。

　　餐厅在主楼前西侧，内外均可使用，满足了宴会厅、舞厅、演讲厅等多种功能的需要。舞台用活动隔断，必要时可扩大空间，灵活方便。餐厅外保留水井一口，供汲水浇花养鱼。

　　主楼标准层以单间一床（带脸盆）客房为主，有少量双套件客房。顶层为西餐厅和露天舞场。

　　主楼采用钢筋混凝土框架结构，柱网为 6.6X4 米。外形简洁朴素，现代建筑之作。

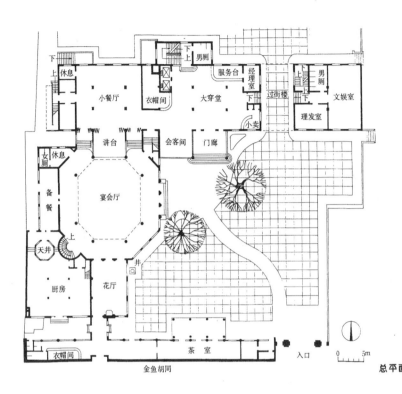

下 上 休息

小餐厅 衣帽间 大穿堂 服务台 经理室 男厕

过街楼

男厕 文娱室

理发室

小卖

女厕 休息 讲台 会客间 门廊

备餐

宴会厅

天井 上

厨房 花厅 井

衣帽间 茶室 入口

金鱼胡同

0 5m

总平面

1

图1 总平面

图2 北京和平宾馆透视图

2 3

图3 北京和平宾馆主楼中部过街楼

附录四 图片来源

p.006：《梁思成文集（四）》，中国建筑工业出版社，1985

p.007：林洙先生提供

p.070：《梁思成文集（四）》，中国建筑工业出版社，1985

p.105：《建构文化研究——论19世纪和20世纪建筑中的建造诗学》，中国建筑工业出版社，2007

p.109：同上

p.110：同上

p.117：《20世纪西方建筑名作》，河南科学技术出版社，1996

p.135：《современнаястроительнаятехникаиэстетика》（俄）

p.136：《взаимосвязьархитектурыистроительнойтехники》（俄）

p.137：网络

p.147：《THE STUCTURES OF EDUARDO TORRJA》by Eduardo Torroja F.W.Dodgo Corporation，New York

p.149：同上

p.150：同上

p.155：《中大跨建筑结构体系及造型》，中国建筑工业出版社，1990

p.161：作者自摄

p.306~307：林洙先生提供

p.308：图1《佛光寺东大殿建筑勘察报告研究》，文物出版社，2011：P12

　　　　图2《佛光寺东大殿建筑勘察报告研究》，文物出版社，2011：P39

p.309：图3《梁思成文集（四）》，中国建筑工业出版社，1985：P305

　　　　图4《佛光寺东大殿建筑勘察报告研究》，文物出版社，2011：P39

p.310：图1林洙先生提供

p.311：图2《中国古代建筑史（第二版）》，中国建筑工业出版社：P218

p.312~313：《清式营造则例》，清华大学出版社，2006

p.314~319：清华大学建筑学院资料室

p.320：图 1 清华大学建筑学院资料室

p.321：图 2~5《梁思成文集（四），中国建筑工业出版社，1985

p.322：图 1《杨廷宝建筑论述与作品选集》，中国建筑工业出版社，1997：P34

p.323：图 2，图 3《杨廷宝建筑论述与作品选集》，中国建筑工业出版社，1997：P35

p.324：图 1《杨廷宝建筑论述与作品选集》，中国建筑工业出版社，1997：P85

p.325：图 2《杨廷宝建筑论述与作品选集》，中国建筑工业出版社，1997：P86

　　　　图 3《杨廷宝建筑论述与作品选集》，中国建筑工业出版社，1997：P85

p.326：图 1《杨廷宝建筑论述与作品选集》，中国建筑工业出版社，1997：P89

p.327：图 2，图 3《杨廷宝建筑论述与作品选集》，中国建筑工业出版社，1997：P87

p.328：图 1《杨廷宝建筑论述与作品选集》，中国建筑工业出版社，1997：P83

p.329：图 2，图 3《杨廷宝建筑论述与作品选集》，中国建筑工业出版社，1997：P82

p.331：图 1《杨廷宝建筑论述与作品选集》，中国建筑工业出版社，1997：P96

　　　　图 2《杨廷宝建筑论述与作品选集》，中国建筑工业出版社，1997：P94

　　　　图 3《杨廷宝建筑论述与作品选集》，中国建筑工业出版社，1997：P95

图书在版编目（CIP）数据

再问建筑是什么 / 季元振编著. -- 北京 ： 中国
建筑工业出版社，2013.12
　ISBN 978-7-112-16343-4

　Ⅰ．①再… Ⅱ．①季… Ⅲ．①建筑学—文集 Ⅳ.
① 　TU-0

中国版本图书馆 CIP 数据核字 (2014) 第 094969 号

责任编辑：戴　静、丁　夏、王　韬
装帧设计：付俊玲
封面设计：杨　涛

再问建筑是什么

季元振　著

*
中国建筑工业出版社出版、发行（北京西郊百万庄）
各地新华书店、建筑书店经销
北京利丰雅高长城印刷有限公司制版、印刷
*
开本：787×1092 毫米 1/16　印张：21　字数：40 万字
2014 年 5 月第一版　2014 年 5 月第一次印刷
定价：68.00 元
ISBN 978-7-112-16343-4
　　（24967）